U0165824

單接縫裁剪版型研究

版型研究 第二版

夏士敏 著

五南圖書出版公司 印行

推薦序　單接縫立體結構裁剪的濫觴

　　單接縫裁剪的發想契機緣起於三十多年前，日本文化服裝學院長小池千枝教授來訪實踐管理學院時，提及年輕曾居住北京，鄰居送給她一件連袖的旗袍，穿著的感覺非常舒適，讓她感受到中國服的價值，要我帶她去買旗袍。我帶她逛了幾家店，她失望的表示那些是西式洋裝，不是中國服裝，大家在生活中皆穿著西式服裝，遺忘中國服裝美好的價值感實在可惜。小池千枝教授留學法國，是將立體裁剪技術引進日本的頂尖學者，她的提點讓我覺得被指責，也被點醒，回家後一直思考小池千枝教授留給我的習題——改進中國服。

　　中國服原來是以一塊布掛在肩上，裁出前後身型的連袖樣式，雖然方法簡便，但是肩端不合體，布料垂在腋下外觀不佳，幾百年下來也已習慣不覺得奇怪。受到洋裁的影響，只為了合身，改以接袖的方式美化外觀。接袖是以剪接方式確實達到美化的效果，但破壞了中國服的一片式裁剪，失去了傳統文化的價值。小池千枝教授點破了這個點，問題出在肩斜，要想辦法以一片布的連袖裁剪方式，將中國服穿著的舒適感保留下來。我嘗試跳脫傳統的裁剪思考，想出合理合體的連袖中式服裝，並做出西式短衫、襯衫、外套、洋裝之類的變化。

　　有次我穿了件單接縫裁剪小外套，學校的洪素馨老師發現了且很欣賞，建議我申請專利。我每年暑假都在美國兒子家度假，於是在紐約申請發明專利，沒想到才一年半的時間就申請出來了。之後，我將單接縫裁剪應用製作穿著舒適的多種款式中西式服裝。在學校服裝系三十週年時，當時服飾學會會長、台南家政專科學校李福登校長聯絡我在教育部發表，並當場表演裁剪一件，隔天也在博物館發表，台灣師範大學家政系也邀我前往介紹。

　　因為單接縫裁剪在製作上有一些難度，需要細心學習才會了解，因此我沒有列入基礎課程教學中，只在高年級選修課或推廣部休閒服系列課程教授，沒有專心推廣，也不敢在企業生產銷售，只提供給有興趣的人學習，自己製作穿著高興而已。時間過了這麼久，現在有幾位校友會的幹部建議也正在進行，希望透過有系統的研究方式以合法組織推廣與發展。

夏老師是實踐的高材生、留校做老師，在高雄長年和我在一起，做我助教。她很有能力、做事正確精緻，人品也很高，不怕難事，會深入探究。這次夏老師將我的很多半成品、發表中途的習作本……一一整理，撰寫理論基礎，整理出很容易了解的製圖範本，非常感謝她。她努力用功做出完美的指導書，把難解的要點依序列出解說，將半身再畫線分為前、側、後三面給了立體結構表達清楚、容易接受，步步踏實，祝她成功。

　　希望往後有機會大家合作開發單接縫裁剪的衣服，為中國服式的現代化：合理合體、富有機能性、健康、清爽、舒適、省工、省布……做出貢獻。來日大家如能像穿Ｔ恤那樣普及，穿不厭的話，我該向九十八歲仙逝的小池千枝老師在天之靈道謝，感謝她往日啟發我的那句話，喚醒極具價值的中國服再生重現。

　　感謝我們許多高巧的子弟合作努力做事，也感謝有高明正確理想的創辦人非常辛苦創辦實踐這個學校，培育了許多優秀的校友為社會貢獻很多，校名光輝。請夏老師在學校接棒發揮能力栽培人才。

　　敬祝健康、萬事如意！

施素筠

2015年8月

自序　施老師素筠與我

施教授素筠是我在實踐家專唸書時三年級的班導師。老師上課時總會提供一些特殊裁剪的版型給同學們研究變化，並喜歡說：「動手做做看、試看看。」有次上課同學們懶散、精神怠惰、作業遲交，老師說了一個故事：「我每天早上四、五點起床，就裁件衣服來車縫，做完趕在八點前到校上課，時間還來的及。每天都有件新衣服，可以穿得很開心。」這對當時總是晚睡又愛賴床的我來說，是很不可思議的。每天上課前，當我們還沉睡在夢鄉時，老師已裁製完成一件衣服，日積月累是多麼深厚的功夫！身為學生的我們，努力的程度實在遠不及老師。當時課堂的景象與老師說話時的神情，一直清清楚楚的刻印在腦海中。

老師是充滿實踐精神的，不論在何處，只要身邊有材料，隨時都在動手做。老師對技術的要求很高，服裝除了要具備創意，更必須是好穿且符合人體工學。到各地教學、去美國探親，找塊布料拿起針線，信手拈來便完成一件衣服，送給身邊的人體驗，大家都穿得很高興。就連南來北往的通車時間，老師都可以利用車上提供的不織布紙巾當材料，發想創意折疊一件衣服，嘗試不同且多功能的變化，所以老師隨時都有新款的服飾可發表。

普通高中畢業的我，沒有深厚的裁縫基礎，在家專服裝科唸了三年，很幸運地一畢業就出師到家商任教。但想起老師曾說過：「針線都沒拿穩，技術也不紮實，就敢教學生，真是好大的膽子。」因此，「動手做做看、試看看。」成為我的信條，隨著教學授課的進度，我也跟著學生動手做，不僅做出成品，還做出每個步驟的部分縫。今日的我也喜歡對學生們說：「做做看、試看看。不試怎麼知道？」

老師也是我的學位論文口試委員。研究所才唸兩年，我又很大膽的選擇了服裝演變議題撰寫學位論文。記得口試時，歷史專業的口試委員從史學觀點提出了許多質疑，但老師從服裝專業的角度給予我高度的肯定與支持，這也增添我在教書這條路的動力與信心。

十多年前，因緣際會老師南下實踐大學高雄校區任教，藉此我又可以跟在老師身邊學習，也由此開始接觸專業的「單接縫立體結構裁剪」技術。現實中常見一片構成的服裝，都以寬鬆披掛

的形式呈現，傳統的民族服飾與現今講求造型視覺效果的服飾多是如此；這類服裝通常不合體、無法做出袖型，製作上不需要深入的專業知識與技術，著裝後也無法應付日常生活的動作需求。在學習「單接縫立體結構裁剪」之前，要以一條接縫線就做出合身有袖，穿著舒適又有機能性的服裝，對我來說是無法想像的，但現在實現了；單接縫立體結構裁剪不僅可以做到，而且因為裁片結構的簡化還可節省用料，減輕衣服穿在人體上的重量負荷，穿起來是輕鬆無負擔的。我的第一件單接縫裁剪作品是完全貼身的針織及腰短袖款，僅用了2尺布、重量約55克；若以一般裁剪法需用布3.5尺、重量約95克。套句廣告詞來說「衣服就像第二層肌膚一樣」，真的很神奇。

多年來，老師將單接縫立體結構裁剪毫不藏私地教給學生，並未作商業上的利用。老師常對我說：「這是江湖一點訣，說破不值錢。」只要大家願意學習，就要慷慨地將功夫推廣出去。可是，教育的改革、課程結構的改變，縫製的技術課程時數一直在壓縮，年輕的孩子們多不願意花時間學習磨練功夫的技術類課程；因此，老師口中「一點訣」的功夫，服裝界都知道是寶，但在歷屆學生的來來去去中用心深入者少。面對寶貴技術無法傳承的擔憂，我想透過文字與圖像是將技藝保留下來最好的方法，因此決定將老師的研究，從教學的角度重新演繹，並結合個人的實作心得撰寫出書。單接縫立體結構裁剪原有些許限制，例如：無法做出如圓裙的寬襬式樣，在老師鼓勵下，我也突破這一點，爾後將再另以專書說明。

一位長輩曾告訴我：「我的父母傳承給我的，我必須依樣傳給子女。」對老師的提攜之情，我能回報的就是將老師的寶再傳給學生。希望如同老師所說，就用這本書拋磚引玉，提供大家一起研究發展的開始，「動手做做看、試看看！」

夏士敏

2015年8月

於實踐大學高雄校區

 CONTENTS

引 言 P11

 理論基礎篇 P13

CHAPTER **1** 單接縫立體結構
裁剪概述 15

一、關於單接縫裁剪 16

二、中式服裝裁剪的立體結構 18

三、西式服裝裁剪的立體結構 23

四、單接縫裁剪的特點 27

五、單接縫裁剪的款式設計變化 32

CHAPTER **2** 原型的使用與
說明 35

一、平面打版的製圖符號 036

二、量身部位基準點的縮寫代號 040

三、文化式原型 040

四、新舊文化式原型的差異 043

五、舊文化原型製圖（婦人原型） 045

六、新文化原型製圖（成人女子用原型） 046

七、文化原型褶的分配 047

八、文化原型應用於單接縫裁剪 048

CHAPTER **3** 單接縫裁剪製圖
理論基礎 49

一、肩斜角度 50

二、胸寬、背寬與側身襬布寬 51

三、袖襱與袖 53

四、裁片的簡化 55

CHAPTER **4** 單接縫裁剪基本
製圖說明 59

一、決定衣身寬 60

二、決定後衣身寬、前衣身寬、側身寬 62

三、剪接線位置 63

四、肩袖長 64

五、袖寬線與袖口線 65

六、袖下線與車縫對合點 66

 CONTENTS

款式設計篇　67

CHAPTER **5** 襯衫裁剪款式
設計 69

款式一　基本型短袖→前身胸線橫向剪接 70

款式二　基本型長袖→窄袖型 78

款式三　基本型長袖→寬袖型 83

款式四　套頭式罩衫→半開襟 86

款式五　套頭式罩衫→交叉襟 91

款式六　套頭式罩衫→交叉重疊襟 94

款式七　套頭式罩衫→前肩活褶設計 99

款式八　方形領口拉克蘭剪接罩衫 102

款式九　V形領口後身剪接罩衫 105

款式十　U型領口拉克蘭剪接襯衫 108

款式十一　圓領肩章袖剪接罩衫 111

款式十二　連裁立領拉克蘭剪接罩衫 114

款式十三　斜襟剪接條紋衣 117

款式十四　立領襯衫 120

款式十五　平領罩衫 123

款式十六　平領泡泡袖罩衫 128

款式十七　水手領罩衫 131

款式十八　翻領罩衫 136

款式十九　絲瓜領罩衫 139

款式二十　連裁立領襯衫 142

款式二一　高領襯衫 145

習作紙型　款式一 基本型短袖 148

CHAPTER **6** 合身裁剪款式
設計 149

款式二二　基本合身型 150

款式二三　假兩件式合身洋裝 154

款式二四　基本合腰型 157

款式二五　前胸抽縐及腰針織短衫 162

款式二六　胸罩剪接線及腰針織短衫 171

款式二七　立領中腰短衫 174

款式二八　立領及腰短衫 177

款式二九　泡泡袖及腰短衫 182

款式三十　削肩神襱剪接筒狀T恤 185

款式三一　袖襱剪接肩褶筒狀T恤 188

款式三二　拉克蘭剪接筒狀T恤 191

款式三三　義大利領筒狀T恤 196

習作紙型　款式二五前胸抽縐及
腰針織短衫 199

CHAPTER 7 外套裁剪款式設計 201

款式三四　冬外罩短衫 202
款式三五　A襬長袖薄外套 208
款式三六　A襬假兩件式薄外套 213
款式三七　A襬羅紋外套 218
款式三八　高領薄外套 221
款式三九　立領外套 224
款式四十　高領外套 229
款式四一　西裝領外套 234
款式四二　雙排釦絲瓜領外套 239
款式四三　雙排釦西裝領外套 244
款式四四　條紋夾克 249
款式四五　斗篷外套 252
款式四六　立領大衣 255
款式四七　高領大衣 258
款式四八　翻領外袍 261
款式四九　連裁立領外袍 264
習作紙型　款式四五斗篷外套 267

CHAPTER 8 傳統裁剪款式設計 269

款式五十　中式家居服 270
款式五一　現代化深衣 274
款式五二　日式短掛 277
款式五三　現代化和服 280
款式五四　韓式家居服 283
款式五五　現代化韓服 286
款式五六　中式雙襟短衫 289
款式五七　旗袍→方襟直襬款式 292
款式五八　旗袍→直襟A襬款式 295
款式五九　唐裝→胸圍橫向剪接線 298
款式六十　唐裝→腰圍橫向剪接線 302
習作紙型　款式五三現代化和服 306

參考文獻 307

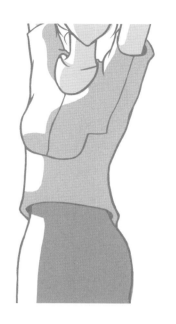

「單接縫立體結構裁剪」是以一片布藉由一條從胸圍延伸至袖下的接縫線，就能做出立體結構的裁剪法。也就是說將衣服的裁片簡化，衣袖連續裁剪、肩部與脅側也沒有裁開，一件衣服只需要一條接縫線。衣服可以自然合身的包裹人體、肢體活動不受限，有立體感亦具機能性。「單接縫立體結構裁剪」俗稱「一刀裁」[1]，但是衣服結構呈現的重點為單條的接縫線，也不是只裁剪一刀，為避免思考上的混淆，故在此簡稱為「單接縫裁剪」。

「單接縫立體結構裁剪」發表迄今已近二十年，施素筠教授所做的範例實品極為豐富，版型結構與製作技法都已純熟，但探討單接縫裁剪技法與理論的書籍至今盡付闕如。唯一的專書《立體簡易裁剪的應用與發展》[2]是二十年來學生學習參考的典範，可是專書論述以研究為出發點，對於初入門的學生而言如同天書。二十年間施教授所製作的服裝版型除少數使用於教學教材有完整的整理，大部分多為簡單的手稿或不完整的草稿，夾雜在一袋一袋印給學生們剩餘的課堂講義之中。這麼寶貴的資料，實不捨最後被當為廢紙處理。因此，個人投注大量的時間整理成堆雜亂的資料，將重要的稿件彙整起來，以自己多年學習「單接縫立體結構裁剪」的心得，去研究解釋與分析每一款服裝版型的結構，再加以個人的教學經驗，把學生容易產生困惑與疑慮的問題點出來。希望藉由深入淺出的解釋，以大家最容易了解的方式呈現出來。

1　「所謂一刀裁，其實是學生們給的名稱，後來就變成通稱了。」參見許雪姬、吳美慧、連憲升、郭月如訪問、吳美慧記錄，
　　《一輩子針線，一甲子教學：施素筠女士訪問紀錄》（台北：中央研究院台灣史研究所，2014），頁292。
2　《立體簡易裁剪的應用與發展》為施素筠教授的研究論文，內容以學術領域的論述為主，發表裁剪的款式應用版型約四十
　　款，西元1993年由台北雙大出版社出版。

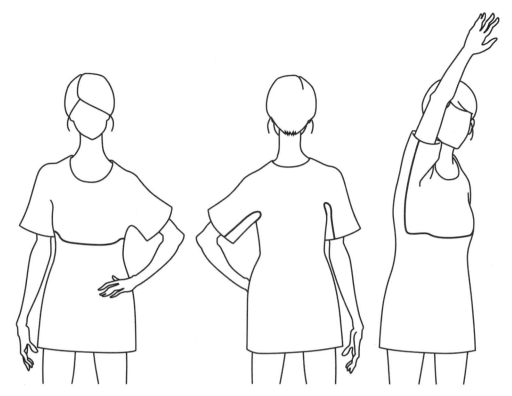

圖　單接縫立體結構裁剪線

　　本書有別於一般學術理論專書，從實務的角度出發探討服裝的版型，務求對於單接縫裁剪構成有清楚的理念並在實務製作能確實掌握。全書分為兩篇：〈理論基礎篇〉，從服裝史探索服裝裁剪立體化的過程帶入單接縫裁剪的論述。最重要的是單接縫裁剪所使用的文化式原型近年已做了大幅度的修正，因此本書也增加新原型的運用概念。〈款式設計篇〉參考《單接縫立體結構裁剪》書內的基礎版型，使用三百張圖以六十款服裝版型為實例，說明單接縫裁剪的構成要點，並依流行的趨勢更動衣服的鬆份尺寸，使之更為合體。為避免標註太多的數字造成製圖的混亂與思考的僵化，這裡採用劃格取比例的方式。學習者可依格子比例算出大約的數字，也可以參考文字的說明或自身的經驗取出最佳的數值。

　　相同的東西由不同的人來詮釋，會帶來更多的思考空間，激盪出不同的火花。給自己一個思考問題的機會，即使還有很多疑惑，只要動手做中學，就會找到答案。

理論
基礎篇

1

単接縫立體結構裁剪概述

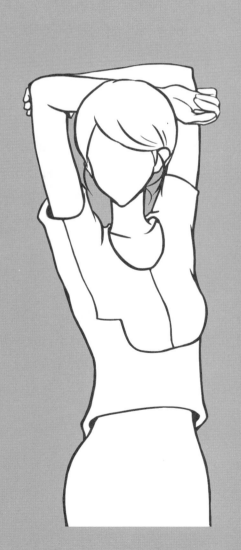

單接縫立體結構裁剪概述「單接縫裁剪」是以人為主，考慮穿著易活動且合身的立體結構裁剪法，因此需要了解服裝結構立體化的過程與符合人體工學的裁剪原理。

一、關於單接縫裁剪

單接縫裁剪為台灣服裝教育界國寶施素筠教授於西元1987年在美國取得發明專利，西元1991年在台灣也取得「中國服立體化的應用」、「機能化立體結構之裁剪」與「單接縫立體結構裁剪」專利後正式發表。西元1998年再以「簡易裁剪服製法」獲得中國發明專利。

施素筠教授為台灣服裝教育界貢獻心力六十餘年，她從日本引進較適合台灣人體型的「文化式原型」，大量翻譯日本文化式打版、縫紉製作類之「文化服裝講座」專業套書，並編排完整的教學教材，撰寫服裝研究專書與台灣第一本服飾詞典，也因此服裝教育界直至今日皆以日本文化式的教學體系為準則。施素筠教授有感於中式服裝的式微，傳統寶貴的服裝文化不被重視，致力於中式服裝的結構研究與改變，曾著作〈以西式裁剪看民國二十年以後之旗袍演變〉、《旗袍機能化的西式裁剪》，更進一步研發了「單接縫立體結構裁剪」。

中國自古崇尚禮治，經過歷代政權的交替，「漢」與「胡」民族的融合，服裝有完整的服型、服色與服章制度，呈現高度的文化水準。連鄰近的日本與韓國亦受影響，現今國服的型式皆依據漢服而來。日本自古墳時代即開始仿效中國三國時代東吳的服飾製作「吳服」，至奈良時代更依照中國唐代法規訂立服裝制度[1]。韓國自三國時代傳入中國唐代袍服後，服飾的演變就與中國息息相關，至李氏朝鮮時代服制禮儀皆與中國明代

1　中國晉朝及南北朝時期為日本的古墳時代，和服因中日文化交流即深受中國的漢服影響。中國的盛唐時期為日本的奈良時代，日本派出大量遣唐使到中國學習文化藝術、律令制度，這其中也包括衣冠制度。參見維基百科中文版《和服》，下載日期：2015年8月19日，網址：https://zh.wikipedia.org/wiki/和服。

服裝制度相同[2]。在今日日本的和服（わふく）與韓國的韓服（저고리），都還保有漢服的交領右衽與平面裁剪的結構（圖1-1）。反觀中國，成衣工業帶動西方服裝快速的發展，中式服裝以西化的緊身旗袍為代表，不僅忽略了千年的傳統服裝優美的文化，更因穿著的不舒適感、活動機能不佳，與生活脫節而逐漸式微。單接縫裁剪於是以中國服裝為原點，將東方簡樸的精神與西方機能的優勢相結合，在布料從平面轉化為立體的過程，省略服裝上無用的裁剪線條，作出舒適合體簡化的立體結構服裝。

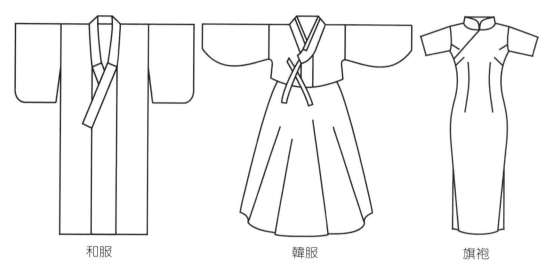

和服　　　　　　　韓服　　　　　　　旗袍

圖1-1　中、日、韓之國服

2　中國的唐朝在朝鮮三國時代末期，把絲製長袍傳到朝鮮半島。貴族婦女開始穿著全身長裙和闊袖的襦；男子就穿著窄身、長至膝蓋的袍和闊身褲，並把褲腳綁在足踝。中國魏晉時期，朝鮮半島的新羅、百濟就是中國的冊封國。中國唐代時期，新羅與唐朝交往甚密，服飾特點幾乎與唐朝無異。朝鮮王朝中期之後韓服吸收了明朝服裝式樣，地位低下的女性上衣長度減半，形成赤古里裙。朝鮮王朝時代，服裝亦改爲近似明朝漢服式樣。朝鮮時代的女性宮廷常服稱唐衣，禮服、朝服皆參照明朝式樣。參見維基百科中文版《韓服》，下載日期：2015年8月19日，網址：https://zh.wikipedia.org/wiki/韓服。

二、中式服裝裁剪的立體結構

　　中國服飾基本的形制有上衣下裳，如弁服、上衣下裳合縫，如深衣、上下通裁，如袍服。從周代冕服形制完備到民末清初，都是肩袖相連的十字形平面結構。目前中原文化中墓葬出土年代最久遠的深衣實品，是在湖北江陵馬山一號楚墓出土的戰國中晚期（西元前340年至西元前278年間）墓葬服飾。有「絲綢寶庫」之稱的馬山楚墓出土了保存完好的交領、右衽、直裾、上衣下裳縫合的深衣式袍服。

　　馬山楚墓與其他墓葬出土服裝比較，最獨特的就是在平面裁剪中出現立體化的裁剪技術。出土的袍服裁剪方式有直裁（裁片長邊與經紗同方向）與斜裁（裁片長邊與經紗成角度）兩種；拼接方式有直拚（裁片接縫線與經紗同方向）與斜拚（裁片接縫線與經紗成角度）兩種。基本結構為前後左右對稱的十字形，裁片前後身相連、左右以多片拼接為長袖型。中式平面的裁剪法直接以前後兩裁片在脅邊相接合來圍裹身體，無法做出身體側身的厚度，唯有增加圍度鬆份量才能補足活動上的需求。

　　在馬山楚墓出土的服飾中，有部分深衣袍服使用正裁，例如編號N15錦面棉袍（圖1-2），這類正裁深衣在腋下的衣、裳交縫處加有稱為「小腰」的長方形嵌片。小腰嵌片與衣裳縫合，可增大衣服圍度與前襟的重疊尺寸（圖1-3）。巧妙的利用長方布折疊扭轉效果（圖1-4），增大手臂上舉時，腋下所需要的活動量（圖1-5）。再有前襟處衣與裳的接合線是使用兩個反向斜線，斜向拼縫線條可增長前襟的尺寸，增加衣服前身包覆胸部的分量，就如同利用剪接線做出胸褶（圖1-6）。用「小腰」嵌片使衣服腋下的部分產生可包覆側身厚度的分量，與前襟的反向接縫線做出胸褶，使得平面的剪裁中產生了立體的效果。

　　有部分無小腰的深衣，例如編號N1素紗綿袍（圖1-7）運用斜裁與正裁斜拚的裁剪技術，在衣服平放時兩袖可依人體肩斜度下垂，而不是概念中傳統的水平袖（圖1-8）。當布料經紗成為斜向進行裁剪時，伸縮性較大、富彈性易扭轉延伸，可提高服裝的實用性與適體性。「小腰」與「斜裁」是古人「刻意在保持服裝整體結構不被破壞的前提下，用局部結構的處理來滿足特定的服裝功能性等特殊要求」（劉瑞璞、邵新艷、馬玲、李洪蕊，2009，頁24）。

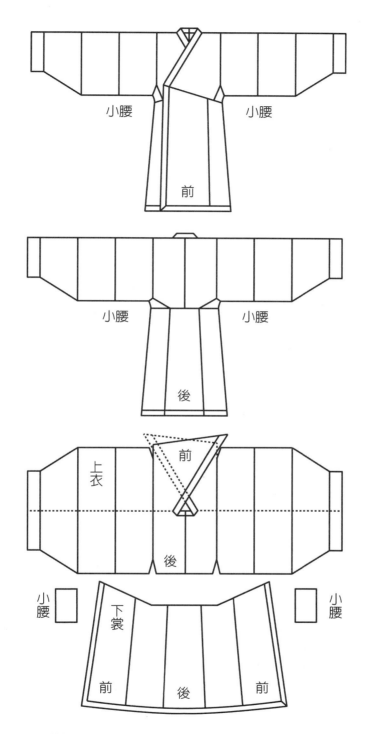

圖1-2 湖北江陵馬山一號楚墓編號N15錦面綿袍

圖片引用：劉瑞璞等，《古典華服結構研究》，頁11。

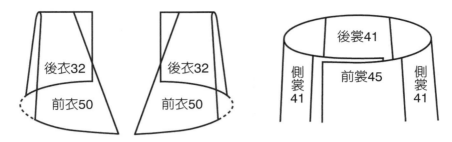

上衣圍度164㎝，下裳圍度213㎝，不足尺寸由小腰補足。

圖片引用：劉瑞璞等，《古典華服結構研究》，頁13。

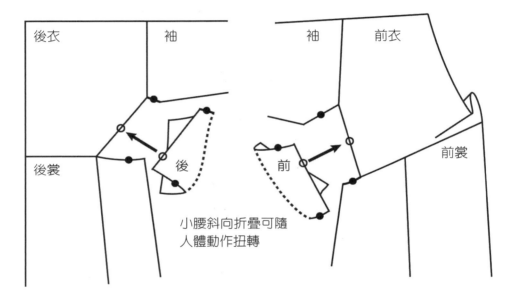

小腰斜向折疊可隨
人體動作扭轉

圖1-3 「小腰」嵌片的接合位置

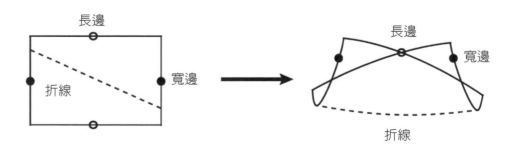

圖1-4 「小腰」的折疊扭轉

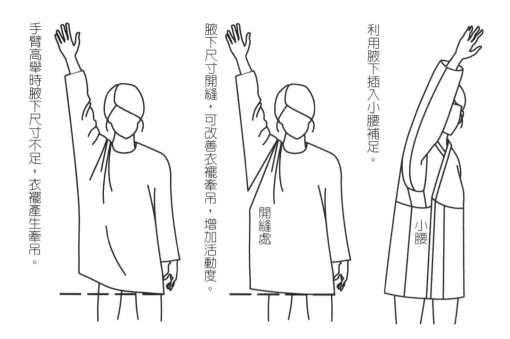

圖1-5 「小腰」因應活動對腋下尺寸的調節

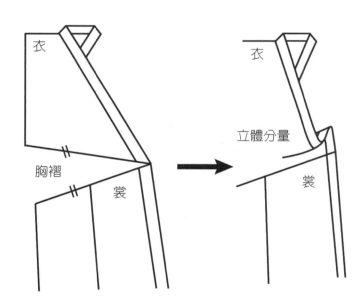

圖1-6 前襟衣與裳的反向斜拼

圖片引用：琥璟明，《先秦兩漢時期的服裝立體構成手法》，下載日期：2015年8月19日

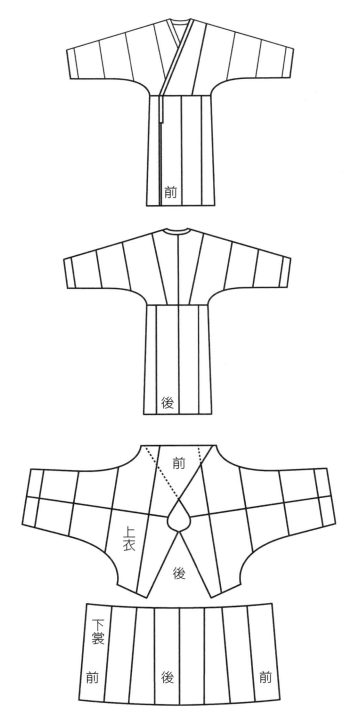

圖1-7　湖北江陵馬山一號楚墓編號N1素紗綿袍

圖片引用：劉瑞璞等，《古典華服結構研究》，頁14。

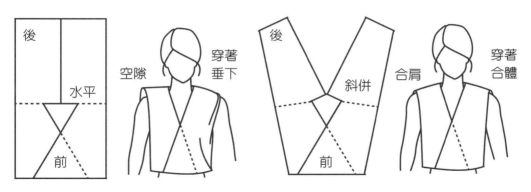

N15 正裁錦面綿袍
直裁方式肩線水平與肩頭有空隙，會造
成肩至腋下的縐紋。

N1 斜裁素紗綿袍
斜裁方式肩線採斜向與肩頭吻合，穿著
較為合體。

圖1-8　身片裁片裁剪方式影響穿著狀態

三、西式服裝裁剪的立體結構

　　西方服飾的形制發展：是由整塊布包纏、披掛的寬袍型式演變到型體化、多片裁縫式的窄衣型式，以西元十三世紀立體結構的出現為重要分水嶺。中世紀歐洲的宗教盛行，生活和社會活動均受基督教規範，教堂成為文化代表性的象徵。信仰的凝聚使得宗教題材影響了藝術的風格，也影響了當時的服裝飾審美觀及服裝造型設計。哥德式（Gothic）教堂以直上雲霄高聳的尖塔建築，表達更接近天國的宗教意涵。服裝結構仿造教堂外型加入大量的直向三角形裁片，帽子、衣袖、鞋子也都強調向上延伸垂直線與尖銳三角形的造型風格。

　　十三世紀哥德式的服裝趨向強調上身合體、腰線明顯。服裝結構不同於以往在衣服兩側以直線切入做出腰線收窄的平面製作方式，而是採用三角稜線的立體空間切割方式。服裝裁剪時為了增加裙襬的分量，在側身從袖下到衣襬加入多片直向的三角形裁片，連前身、後身也都剪開插入三角形裁片（圖1-9）。這些三角形裁片不僅增加臀部與裙襬的分量，也減少腰部多餘的分量，將胸、腰、臀三圍的尺寸差異凸顯出來，做出如同腰褶的效果。服裝呈現出人體曲面與側身的線條，做出了前身、後身與側身的三面立體結構。

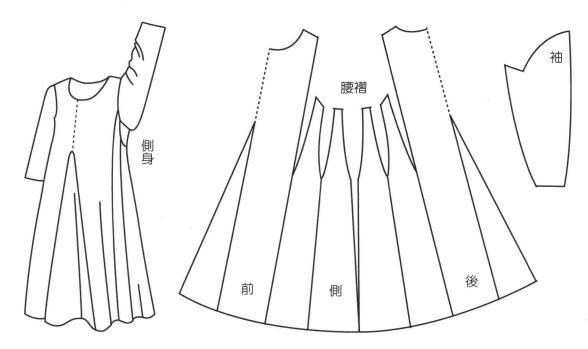

圖1-9　插入三角裁片的立體服飾

　　在北歐斯堪地那維亞半島（Scandinavia）發現的十四世紀中葉之束腰外衣，為腰部緊身、衣襬寬闊的型式（圖1-10）。在當時織品布幅較窄的情況下，為了將腰身收緊、將裙襬做成波浪狀，最經濟的裁布方法就是將衣服的前後中央裁開，在裙子的中央與兩脇以三角形的布插入。服裝裁剪跳脫只利用布幅寬的方式，而將布裁開，再用裁片嵌入裁開的部分，更能依照服裝型式作出對應身體各部分的形狀（東海晴美，1993，頁137）。這件束腰外衣採用衣身連續裁剪的型式屬於平面式結構，但利用袖下接縫線插入三角插片形成「袖下襠」的方式，可增加衣服腋下的分量來因應活動的需求，並產生立體的效果。

　　在西式裁剪中，由前後身兩裁片製作的連袖式服裝是一種簡單的平面服裝結構。平面式的連袖結構要將衣服的合身度提升且兼顧機能性並不容易，在身體與手臂的區域分界處，適當的加上襠布是取得合身度與機能性之間平衡點的簡易方法，例如袖下襠。「袖下襠」，是利用腋下縫線開口增加的襠布，襠布的寬度會形成側身厚度的空間，襠布的長度增加袖下的長度與手臂的活動量，因為被手臂遮掩不會影響衣服美觀性，還有省布的優點。

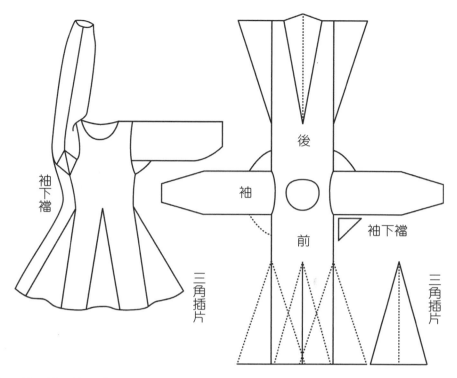

圖1-10　插入袖下襠布的立體服飾

圖片引用：I. Marc Carlson. *The Herjolfsnes Artifacts*，下載日期：2015年8月19日

　　使用連續裁剪式的方法，將後袖延伸出袖下分量與前袖接合，前身延伸出側身分量與後身接合，不用另外再接合一片襠布，也可巧妙的呈現與袖下襠相同效果的立體結構（圖1-11）。或者，將服裝的空間依人體立體分割，將衣服分為前面、側面、後面三面構成，肩袖相連、袖下與脅片相連（圖1-12），利用多片裁剪與袖下襠的概念，直線剪裁的連袖式服裝還是可以做到服裝動態與合體美感的均衡（圖1-13）。

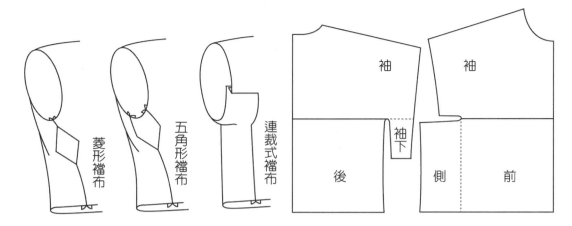

圖1-11　兩片裁剪服型的袖下襠

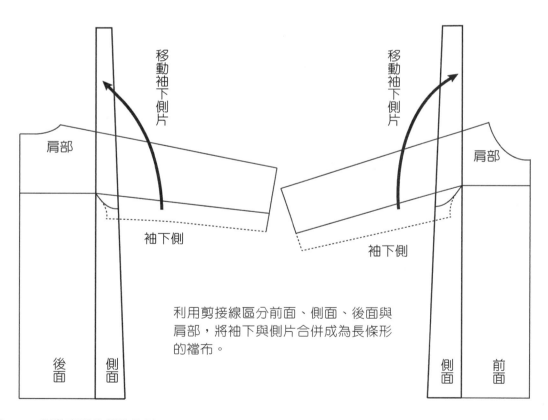

利用剪接線區分前面、側面、後面與肩部,將袖下與側片合併成為長條形的襠布。

圖1-12　服裝空間的裁片分割

圖片引用:小池千枝,《文化服裝叢書7袖子》,頁135。

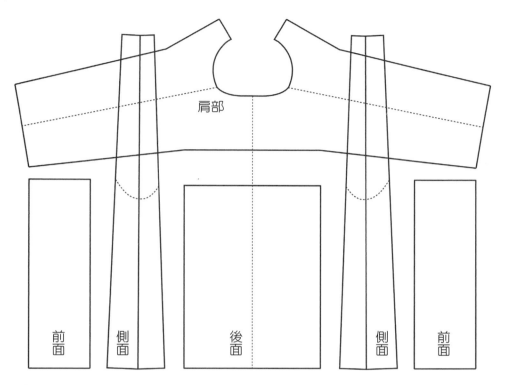

圖1-13　直線剪裁的連袖式服裝

四、單接縫裁剪的特點

　　衣服以人體的體型構造為藍本，服裝結構線須考量身體的合體性與動作的需求，尋求美感與機能性的平衡點。因此，從服裝構成的角度分析中西服裝裁剪與穿著上的差異性，並以人體工學的運動量計算，來做為單接縫裁剪的學理基礎。

　　中式服裝是以直線接縫的前後中心線與以水平方式構成的肩線，形成十字型簡單一片式裁剪。接縫線配合布料幅寬度決定，在傳統節約的意識下，多使用全布寬製作，肩線處與袖襱處採無接縫的連續裁剪法。整件衣服只有領子與頸部密合，衣身自肩膀處即寬直而下，是以頸部與肩部來支撐表現衣服的形態。

　　衣身寬因為不浪費布料採全布寬製作，所以寬鬆份比穿衣活動時的所需的基本分量多。人體穿著在手臂垂下時，腋下與肩斜處所產生的寬鬆份，則任其垂掛圍繞在身體

周圍，形成自然的折紋。袖襱部位為沒有伸縮性的直布紋，衣服的機能性只能應付到手舉水平為止，若是手部運動都只是下垂的狀況，這算是動作方便的好穿袖型。如果兩手呈上舉狀態時，腋下部分之衣襱會往上牽扯，在機能活動上需以寬鬆度來補充。而身體的肩斜度使衣服肩端上的空隙變成袖襱的寬鬆份，因此在活動機能上不會產生阻礙，衣服的穿脫極為順手。但若就外觀來看，雙手下垂時，把衣服空隙的鬆份變成頸基部向腋下的斜吊縐紋，多餘的布堆積在身上，穿著時有笨重感。寬鬆份所占的空間與布料的重量，對身體也是一種負荷，尤其是動作範圍大時，會造成活動時的不便（圖1-14）。

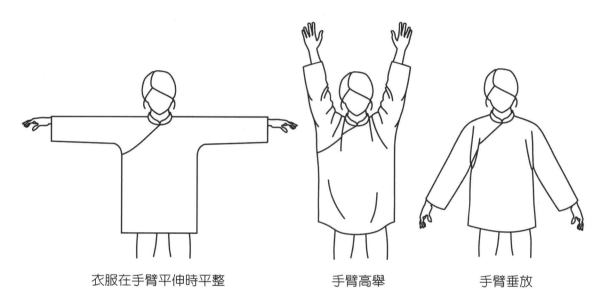

衣服在手臂平伸時平整　　　　　　手臂高舉　　　　　　手臂垂放

圖1-14　中式服裝穿著的動作狀態

　　與中國傳統禮教要求的衣不露體不同，西方審美觀念以人體為美。衣服採前身、後身、領片分裁，運用褶子處理胸、腰之差作出立體線條，剪接線與裁片比中式裁剪多。服裝構成前需先觀察身體直立時，前、後、側方的縱斷體型，並從體型橫斷面測定身體周徑，來考慮褶的分量、長度與位置方向。袖子為有袖襱剪接的接袖型或有肩斜度的連袖型，在袖襱部位為帶有延展彈性的斜布紋，比直布紋更能適應人體的動作，不論手部運動上舉或下垂，都不會產生很多牽吊折紋（圖1-15）。

衣服在手臂垂放時平整　　　手臂高舉　　　　　　　　手臂平伸

圖1-15　西式服裝穿著的動作狀態

圖片引用：夏士敏，《近代台灣婦女日常服演變之研究》，頁86。

　　衣服在機能與美觀條件的雙重要求下，講求穿著的舒適感與適體合身度。但是機能性與美觀性是成對比的，尺度的拿捏就需掌握得當，才能製作出符合要求的衣服。配合人體動作的方向與範圍，以身軀與上、下肢關節的活動變化為主，做運動量的分析，作為衣服寬鬆份安排與考慮褶的運用（圖1-16）。有的衣服為求視覺上合身的美感，犧牲穿著的舒適度，所取的寬鬆份比穿衣活動所需的基本分量還少。這類合身的衣服並不是好穿的形式，只是外觀非常合身，合乎現代的美觀條件。

　　單接縫裁剪之原則為考量人體的立體性並兼顧穿著動態與靜態的需求，以最少的裁剪線追求最大的機能性，並實現於一塊布的可能性。其特點為採用東方的外觀、西方的裁剪方式，呈現簡單立體的結構，富機能性與穿著舒適性，為脫離流行、適於大眾日常生活的穿著。也就是說以省工、省布的概念，將一片布以簡易兩三刀的裁剪方式，只要一條接縫車合起來就可完成，穿在身上無壓力、衣服有形卻如無形，能適應日常生活的各種動作（圖1-17）。

　　從服裝史看服裝立體化的過程，衣服從簡單前後兩裁片包覆身體的二度空間平面結構，到展現前身、後身與側身的三面空間立體結構，關鍵在於側身裁片的製作出現。單

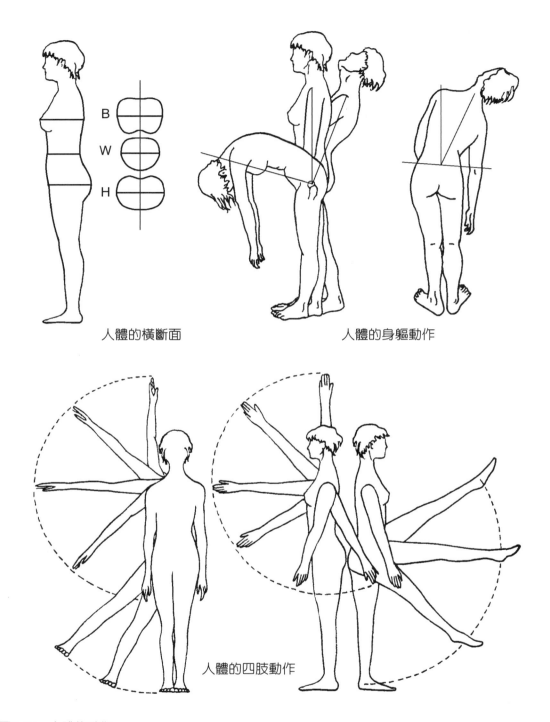

B

W

H

人體的橫斷面　　　　　　　　　　　　　人體的身軀動作

人體的四肢動作

圖1-16　人體的動作

圖片引用：實踐家專服裝設計科，《婦女服Ⅰ》，頁64。

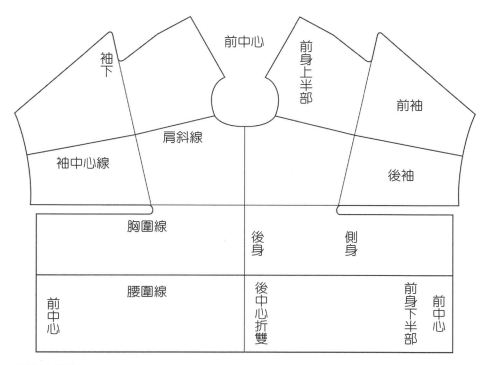

圖1-17　單接縫裁剪圖

接縫裁剪採用「小腰」與「袖下襠」的概念，將身體的厚度與襠布的原理結合，以襠布轉角互補方式做出身體的厚度，保持腋下立體結構。肩線採用東方服飾特色，肩與袖連續裁剪的連袖式，但以「斜裁」方式做出人體肩斜度，改善中式服裝肩到腋下的斜吊鬆份。身體的胸、腰曲線採用西式服裝考慮身體的活動，安排寬鬆份與襠的運用，在穿著靜態時每一部分都能平均的包裹身體，動態活動時具有機能性不妨礙動作。

　　單接縫裁剪力求版型的簡化，在一塊布上以最少的裁剪線做出合理的衣款。就織品物理性而言，因為裁剪、接縫線的簡化，圖案與紋路可保持較佳的完整性，而能延長衣服使用壽命。就製造生產而言，極少的接縫線可簡化縫製的過程，節省用料與工時，降低服裝製作的成本。與中式服裝裁剪相同，因裁片的簡化，裁剪主裁片後所剩下的料子，可裁衣身的貼邊、領子、口袋與做紐絆的斜條，將布料完全使用沒有浪費，把節約的意識發揮到極致。以同樣的款式相較，單接縫裁剪法比一般裁剪方法可省布16%～28%，單件衣服節省用料與工時約25%（圖1-18），以成衣量產計算減少耗損的數字就相當可觀。

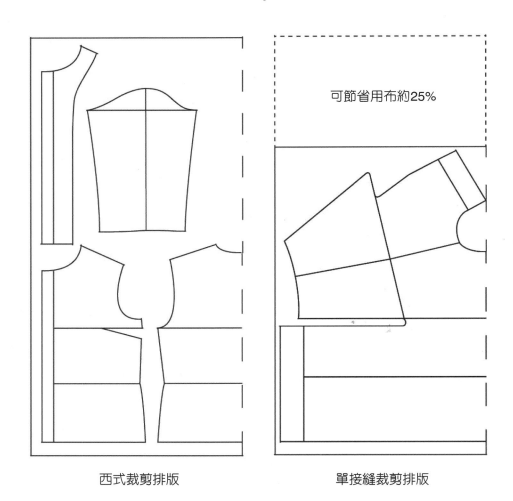

可節省用布約25%

西式裁剪排版　　　　　　　　單接縫裁剪排版

圖1-18　不同裁剪法的用布量比較

五、單接縫裁剪的款式設計變化

　　單接縫裁剪適用於各類材料、應用變化各種服飾，能依照生活型態、方式、場合的需要與分類發展，不分男女老幼都可嘗試簡單舒適的穿著感覺，是多元化的裁剪方法。胸前的橫向剪接線可依設計改變位置，提高至胸下、降低至腰下、傾斜角度成為前襟線或拉克蘭接袖線，可應用變化做多樣設計（圖1-19）。

圖1-19　變化設計圖

圖片引用：施素筠，《立體簡易裁剪的應用與發展》，頁59～66。

2

原型的使用與說明

服裝紙型繪製的過程稱爲「打版」，「原型」是指符合人體體型的基本衣服型態，在平面打版製圖的過程，將原型當作基本繪製工具使用，可以迅速的將圖版尺寸與人體型態結構作連結。也就是說原型爲服裝構成與樣板製作的最基本型，用以變化款式的依據。因此，原型應具備的條件是量身與製圖方法要簡單實用，合身度高且富機能性。使用原型繪圖時，要核對三圍等重點尺寸，取出正確的基準點與尺寸位置。但原型爲適應大部分的體型多以平均值採寸，並非適用於所有人，個人尺寸比例若與平均值有差異時，需以試穿方式進行版型的補正。

一、平面打版的製圖符號

平面製圖法是依據身體各部位的測量尺寸，導入數學計算公式，將立體化的人體型態轉化為展開的平面圖版。製圖時會以簡單的符號標示繪製線條代表的意義或裁剪縫製時應使用的方法，這些符號對於識圖非常重要，P37～P39 以圖示作簡要的說明。

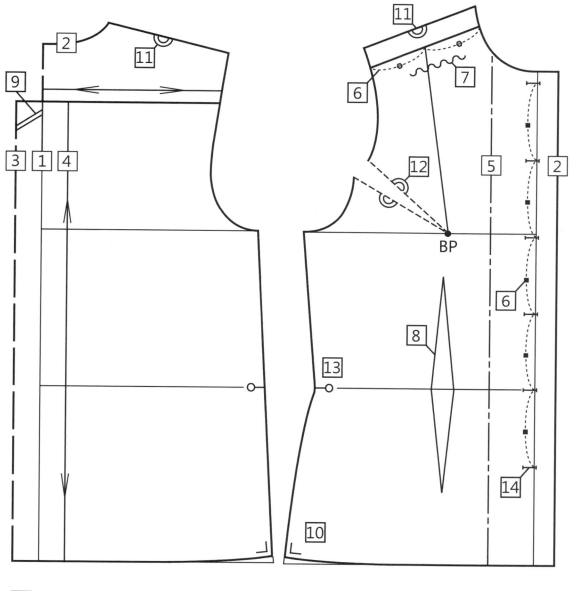

1 ——————— **製圖基準線** 製圖的基本線條,以細線表示。

2 ——————— **完成輪廓線** 版型的完成線條,以粗線或色線表示。

3 — — — — — **裁剪折雙線** 裁剪時,紙型對著布料雙層折邊的線。

4 ◄————► **布紋記號** 紙型依箭頭方向與經紗平行裁布。

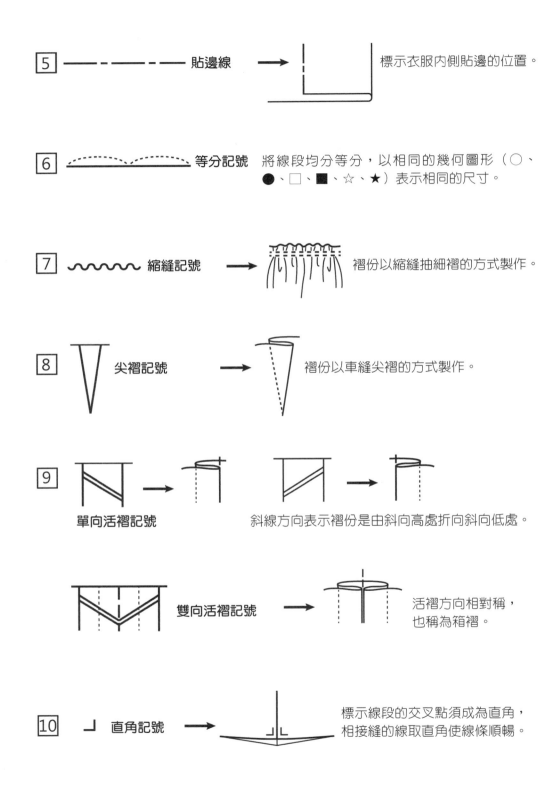

5 ——·——·——·—— 貼邊線 → 標示衣服內側貼邊的位置。

6 ⌒⌒⌒⌒⌒ 等分記號 將線段均分等分，以相同的幾何圖形（○、
●、□、■、☆、★）表示相同的尺寸。

7 ～～～～～ 縮縫記號 → 褶份以縮縫抽細褶的方式製作。

8 尖褶記號 → 褶份以車縫尖褶的方式製作。

9 單向活褶記號 斜線方向表示褶份是由斜向高處折向斜向低處。

雙向活褶記號 → 活褶方向相對稱，
也稱為箱褶。

10 ⌐ 直角記號 → 標示線段的交叉點須成為直角，
相接縫的線取直角使線條順暢。

11 | 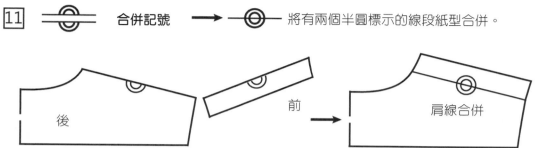 合併記號 → 將有兩個半圓標示的線段紙型合併。

12 | 紙型合併展開記號 → 將有兩個半圓標示的尖褶紙型合併，褶尖端指向的實線段剪開成為展開。

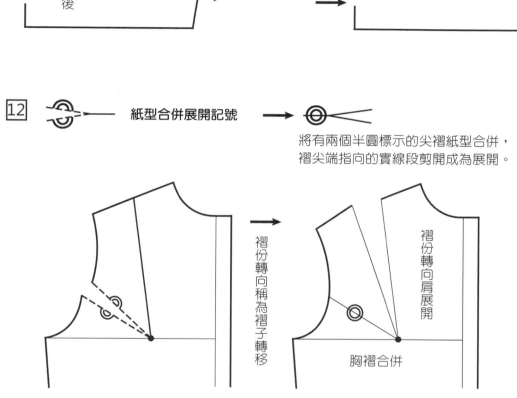

褶份轉向稱為褶子轉移

褶份轉向肩展開

胸褶合併

13 ──○ 對合點、縫止點　標示車縫時要對合的位置或活褶、開衩的止點。

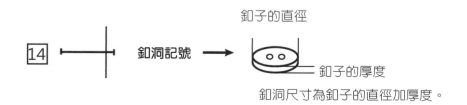

釦子的直徑

14 釦洞記號 →

釦子的厚度

釦洞尺寸為釦子的直徑加厚度。

二、量身部位基準點的縮寫代號

依據版型繪圖所需尺寸來進行量身，須設定量身部位的基準點與圍度（圖2-1）。製圖時會以量身部位的英文名稱縮寫標示所繪製基礎架構線代表的位置：

縮寫代號	量身尺寸部位與基準點	
B	Bust	胸圍
W	Waist	腰圍
MH	Middle Hip	腹圍
H	Hip	臀圍
N	Neck	領圍
BL	Bust Line	胸圍線
WL	Waist Line	腰圍線
MHL	Middle Hip Line	腹圍線
HL	Hip Line	臀圍線
EL	Elbow Line	肘線
KL	Knee Line	膝線
BP	Bust Point	乳尖點
SNP	Side Neck Point	頸側點
FNP	Front Neck Point	頸前中心點
BNP	Back Neck Point	頸後中心點
SP	Shoulder Point	肩點
AH	Arm Hole	袖襱

三、文化式原型

「文化式原型」是日本文化裁縫女子學校創辦人並木伊三郎先生於大正十二年（西元1923年）因應教學需求，以胸圍與背長尺寸為基礎，繪製的尺寸換算比例式原型。因使用的量身尺寸少，且教學資料系統完備，是教育界最常使用的原型。文化式原

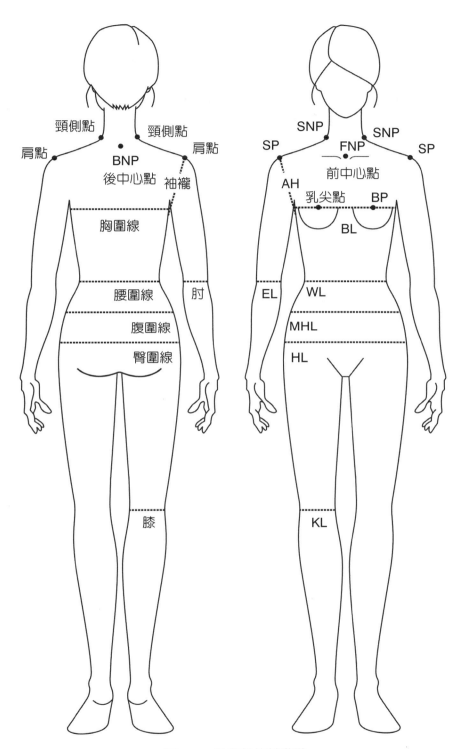

圖 2-1　量身部位基準點

型隨著人體體型的變化、生活型態的不同與當代對美感的要求，經過七階段的改良與修正，成為自西元1984年使用至今的「婦人原型」（財團法人中國紡織工業研究中心成衣工業部，1991，頁63）。西元1999年日本文化女子大學對原有的原型進行了最新的一次修正，以包裹身體原理的角度思考將原型從本質上做了與以往最大的變革，稱為「成人女子用原型」（三吉滿智子，2000，頁125）。為與之前使用的原型區別，也稱為「新文化式原型」，將原來使用的「婦人原型」稱為「舊文化式原型」。

「文化式原型」為胸圍與腰圍加入少量鬆份的半緊身式原型。使用文化式原型繪製的直筒服裝版型其穿著狀態為胸線、腰線、臀線皆能保持水平，胸部以下的布料應呈現經緯紗垂直的狀態。單接縫裁剪以文化式原型為基礎，所繪製的基本原型也是呈現三圍線條水平的狀態。新舊文化原型採用以胸圍尺寸為主要製圖項目的胸度式製圖法，並採用相同的量身取寸，所以可利用褶轉移的方式將新原型的前袖襱胸褶轉移至胸下為腰褶，與舊原型取得在形式上的一致（圖2-2）。

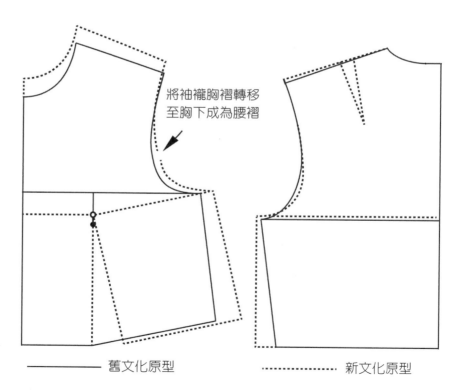

將袖襱胸褶轉移
至胸下成為腰褶

――――――― 舊文化原型　　　　　·············· 新文化原型

圖2-2　新舊文化原型交疊

四、新舊文化式原型的差異

1. 舊文化式原型（文化式婦人原型）

(1) 採用少數的公式與數據繪製，因容易繪製廣泛使用。

(2) 胸圍鬆份10cm，以公式計算背寬尺寸＝B/6＋4.5cm、胸寬尺寸＝B/6＋3cm、
    袖襱寬尺寸＝B/6－2.5cm。

(3) 胸圍尺寸前後片相同，前片呈現梯型。前長略不足、脇線向後傾斜。

(4) 前片胸褶的分量約13°，就現今女性體型而言，胸褶分量稍小，易造成壓胸的
    效果。前胸褶以前垂份的方式置於腰線，因此腰線為曲折線。使用前片原型
    時，腰線需含前垂份畫成水平線，前後片的脇邊線會不等長，產生前後差（圖
    2-3）。

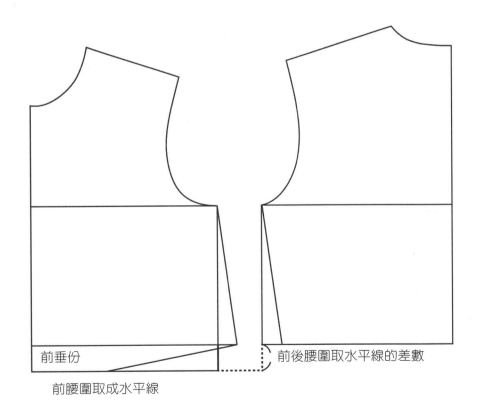

前垂份 ┄┄┄ 前後腰圍取水平線的差數

前腰圍取成水平線

圖2-3　舊文化原型的前後差

(5) 腰褶共有六褶：前腰褶全集中於胸下，另有脇褶與後肩胛骨下方腰褶。

(6) 前肩斜角度20°、後肩斜角度19.5°，肩線偏後。肩斜角度依胸圍比例算出，但實際人體體型胸圍尺寸與肩斜度相關性低並非正比，所以大胸圍尺寸者肩斜與體型會有誤差。

(7) 製圖時可將褶份分散不做處理直接使用，也可根據款式做褶子轉移變化。

2. 新文化式原型（文化式成人女子用原型）

(1) 採用與成衣放縮量相關的數組不同比例計算公式繪製，數據較精細。

(2) 胸圍鬆份12cm，以公式計算背寬尺寸B/8＋7.4cm、胸寬尺寸＝B/8＋6.2cm、袖襱寬尺寸＝B/8－7.6cm（三吉滿智子，2000，頁158）。

(3) 胸圍尺寸前大於後，前片呈現箱型。前長尺寸以公式計算，比舊原型長。

(4) 前片胸褶的分量約18.5°，以袖襱褶的呈現，胸褶與腰褶可明確區分，腰線為水平線。胸部傾斜度強、乳尖點較高，可美化胸部線條。

(5) 以立體裁剪的方式由身體的各突起面取得腰褶位置，共有胸下、前脇、脇線、後脇、後肩胛骨下與後中心，共有十一褶。穿著時與身體有較佳的平衡感與適應性。

(6) 前肩斜角度22°、後肩斜角度18°，肩線前移符合人體前傾的體型特徵。

(7) 使用製圖時要根據款式做褶子轉移變化，將後肩褶與胸褶轉換為袖襱鬆份與設計需求位置，使用方便性不如舊原型。

五、舊文化原型製圖（婦人原型）

1. 繪製基礎線

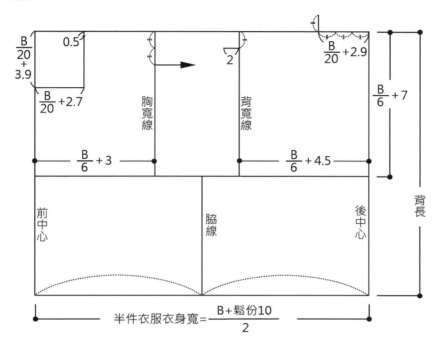

$\dfrac{B}{20}+3.9$ 0.5

$\dfrac{B}{20}+2.7$

胸寬線

背寬線

2

$\dfrac{B}{20}+2.9$

$\dfrac{B}{6}+7$

$\dfrac{B}{6}+3$

$\dfrac{B}{6}+4.5$

背長

前中心

脇線

後中心

半件衣服衣身寬＝$\dfrac{B+鬆份10}{2}$

2. 繪製輪廓線

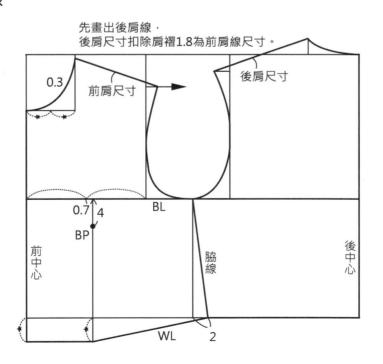

先畫出後肩線，
後肩尺寸扣除肩褶1.8為前肩線尺寸。

0.3   前肩尺寸

後肩尺寸

0.7   4

BP

BL

前中心

脇線

後中心

WL   2

六、新文化原型製圖（成人女子用原型）

1. 繪製基礎線

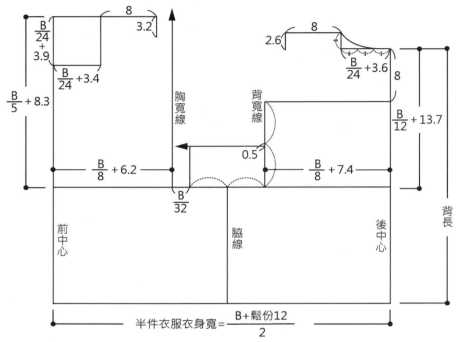

2. 繪製輪廓線

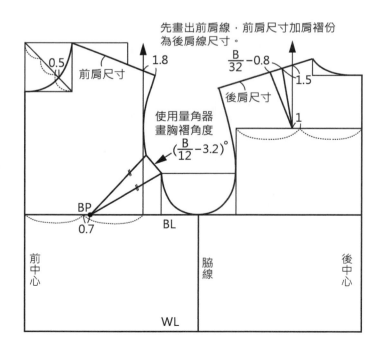

七、文化原型褶的分配

1. 舊文化原型

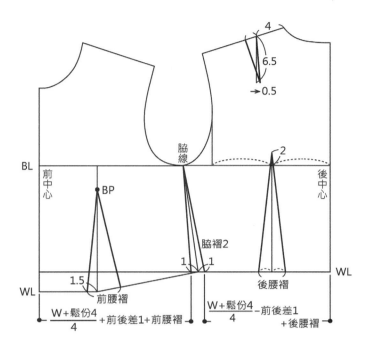

BL
前中心
BP
脇線
後中心
BL

$\dfrac{W+鬆份4}{4}$+前後差1+前腰褶

脇褶2

1　1

1.5
前腰褶

WL

$\dfrac{W+鬆份4}{4}$－前後差1
+後腰褶

後腰褶

4

6.5

→0.5

2

WL

2. 新文化原型

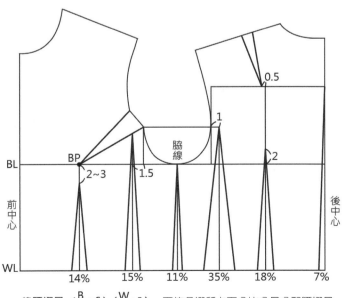

BP
2~3
1.5
脇線
1
0.5
2

BL
前中心
後中心
WL

14%　15%　11%　35%　18%　7%

總腰褶量＝$(\dfrac{B}{2}+6)-(\dfrac{W}{2}+3)$　再依各褶所占百分比分量分配腰褶量

八、文化原型應用於單接縫裁剪

　　新舊文化原型雖略有不同，但是單接縫裁剪製圖時，衣服的尺寸與鬆份是以款式與人體的活動需求決定，因此使用新舊原型皆可。使用新原型繪圖時，應先將前片胸褶作轉移成為與乳尖點（Bust Point, B.P.）等高的脅褶，並在袖襱位置留下適當的袖襱鬆份。使用舊原型繪圖時，要將前後差畫成脅褶，並補足前身長分量。

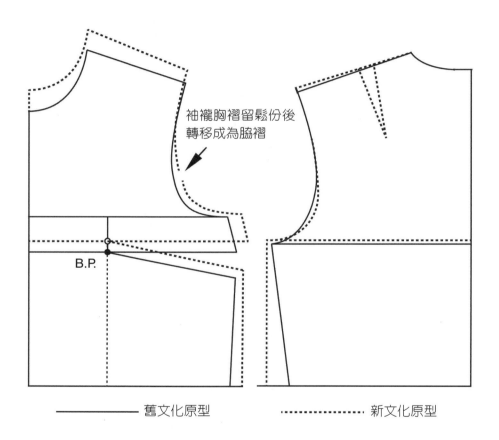

袖襱胸褶留鬆份後
轉移成為脅褶

B.P.

——————— 舊文化原型　　⋯⋯⋯⋯⋯⋯ 新文化原型

3

單接縫裁剪製圖理論基礎

一、肩斜角度

　　從頸側點到肩點的距離稱為小肩寬，小肩寬的斜度就是肩斜度。人體的平均肩斜角度約23°（圖3-1），聳肩體型與垂肩體型之特殊體型的差異可達7°～8°。人體的上肢部為身體活動與變化最多的部分，當手臂上舉時，肩端點會提高內移、肩寬則變小（圖3-2）。隨著姿勢變換不同，肩斜角度的差異極大；考慮活動時肩斜的變化，人體的肩斜度不能直接用於服裝打版，影響原型肩斜度的因素還應包含肩部的厚度與肩頭向前傾的角度。當肩斜處有適當的鬆份或把肩線位置前移，較能符合動態時人體工學的需求。單接縫裁剪依照穿用場合以及上肢的活動量給予鬆份，將肩斜角度減弱，前肩斜角度為17°～20°、後肩斜角度為12°～15°（圖3-3）。

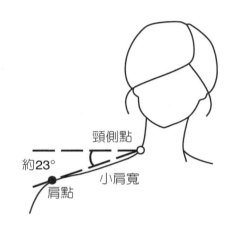

圖3-1　人體肩斜角度

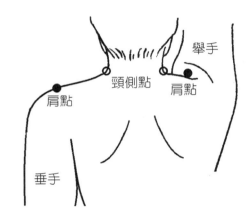

圖3-2　手臂上舉運動與肩寬變化

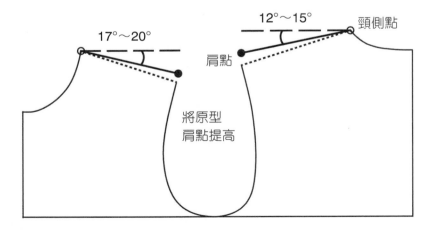

圖3-3　單接縫裁剪肩斜角度的改變

二、胸寬、背寬與側身襠布寬

　　人體胸圍淨尺寸可依前後腋點分為胸寬、背寬與側身寬三個部分（圖3-4），也就是胸圍＝胸寬＋背寬＋側身寬。胸寬是前腋點處的胸部寬度，背寬是後腋點處的背部寬度。以量身的方式不容易得到正確的身體曲面的側身寬度，通常以胸圍扣除胸寬與背寬尺寸的剩餘尺寸為側身寬度。

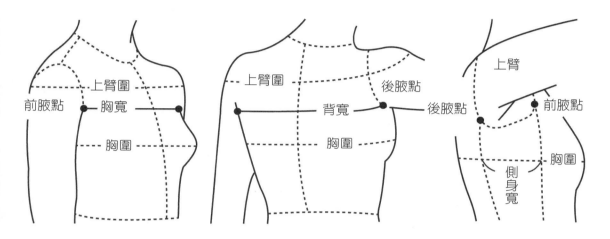

圖3-4　身體胸寬、背寬與側身寬的對應位置

　　衣服的胸圍包覆尺寸為人體胸圍淨尺寸加上鬆份，可分配為前衣身寬、後衣身寬與袖襱寬（圖3-5）。胸圍包覆尺寸最少要加入胸圍淨尺寸的**10%**為基本需求的鬆份量，此鬆份量是原型構成形態上的必要尺寸。從身體的水平斷面可以看出胸圍的鬆份量涵蓋了前腋點、後腋點與肩胛骨的突出尺寸（圖3-6）。胸部的形狀、前腋點、後腋點與肩胛骨的突出量影響基本鬆份量的大小，例如駝背者鬆份的需求相對較大。

　　一般日常服原型以胸圍尺寸的**10%**為總鬆份量，所加的鬆份約在**8～14cm**。鬆份量的分配占比：胸寬鬆份約為**30%**、側身寬鬆份約為**30%**、背寬鬆份約為**40%**。鬆份的分配量還需以服裝設計樣式的需求做調整。就人體的活動需求面而言，背寬活動鬆份需要最多，垂手時的量身尺寸最小、手平舉時增加約**6cm**、手高舉時增加約**12cm**，所以鬆份分量約**6～12cm**。胸寬活動鬆份需要較少，手向前伸時減少約**4cm**、手高舉時增加約**6cm**，鬆份分量約**2～8cm**。胸寬運動需求量不及背寬運動需求量的一半，胸寬與背寬

相比少了4～8cm。單接縫裁剪以日常生活運動所需的鬆份為準，背寬尺寸以量身尺寸加上10～13cm、胸寬尺寸以量身尺寸加上6～8cm為製圖常用尺寸。

　　由衣服包覆身體的水平斷面俯視圖（圖3-6）可看出前腋點與後腋點的連結線為具有斜度的線條，呈現後寬前窄的梯型，是人體側身寬的位置。側身寬度依體型圓身或扁身決定，這個尺寸直接影響衣服為平面的構成或立體的構成。單接縫裁剪在衣服的胸圍

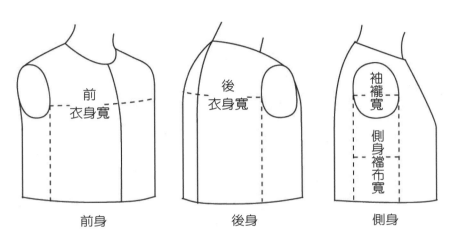

圖3-5　衣服前、後衣身寬與袖襱寬的對應位置

圖片引用：三吉滿智子，《服裝造型學理論篇》，頁158。

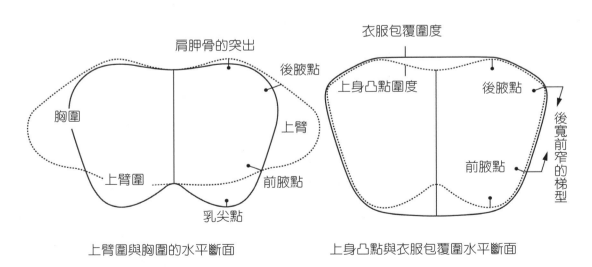

上臂圍與胸圍的水平斷面　　　　　上身凸點與衣服包覆圍水平斷面

圖3-6　上身水平斷面俯視圖

包覆尺寸中，將袖襱寬設為側身襇布寬，必須與胸圍所加的鬆份量配合。側身襇布寬度取8～12cm，可依寬鬆份與布料厚度做增減。如果胸圍所加的鬆份量不多，製圖時以背寬運動量優先考慮增加，可適度減少胸寬的鬆份與側身襇布寬度，因為穿著時衣服的鬆份會因動作移位產生互補。

三、袖襱與袖

　　腋下的袖襱線條是根據前腋點與後腋點間的臂根圍形狀而定（圖3-7）。在手臂的動作下，觀察臂根圍的平底形狀並不會改變，且前腋點常高於後腋點。所以不同於西式裁剪法所用的圓弧形袖襱（Arm Hole, A.H.），單接縫裁剪以臂根圍的平底形狀，將衣服的袖襱底線以橫線構成。

　　臂根圍的尺寸加上6～8cm為衣服的袖襱尺寸。袖襱底線的高度（袖襱深）以臂根圍為準向下挖，但不宜設定太低，立體裁剪設定的尺寸為臂根圍下挖2cm。原型所採用的尺寸是以胸圍尺寸用公式計算而來，舊文化原型公式為B/6＋7cm，新文化原型公式為B/12＋13.7cm，隨著胸圍尺寸的加大，袖襱底線就會下降。袖襱底線若下降太多，脇邊線相對會變短，手臂上舉時肩點提高（圖3-8）、側身的脇長不足、衣襬就被拉扯向上，為相對機能性較差的結構（圖3-9）。為求活動時能保持脇邊線與衣襬外觀的穩定，單接縫裁剪採用不降低袖襱底線的方式。

　　服裝裁剪時，在結構上常有的盲點是以靜態站姿的人體測量尺寸打版，未周詳考慮身體活動時產生的變化，將足夠的鬆份安排進去。手臂的活動度影響袖襱、袖山與袖寬的分配。以接袖角度來說，設定手臂平舉時是90°、手臂下垂時是0°，袖山尺寸會從0cm變化到15cm（圖3-10）。單接縫裁剪設定的基本袖型為接袖角度是45°～55°、袖山高AH／6約7～10cm，袖寬尺寸大約是45cm、袖口尺寸大約是24cm。

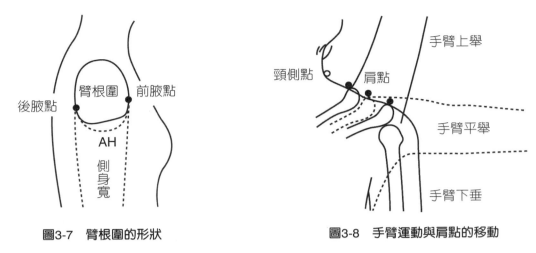

圖3-7　臂根圍的形狀　　　　　　　　　　圖3-8　手臂運動與肩點的移動

圖片引用：施素筠，《立體簡易裁剪的應用與發展》，頁30。

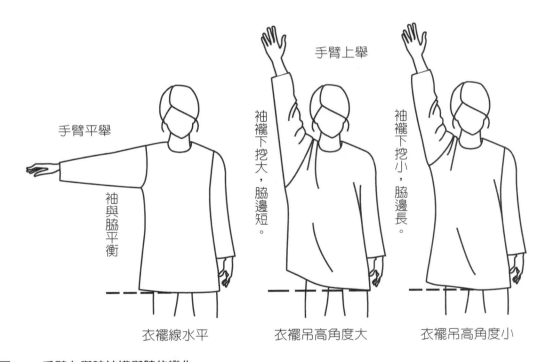

圖3-9　手臂上舉時袖襱與脇的變化

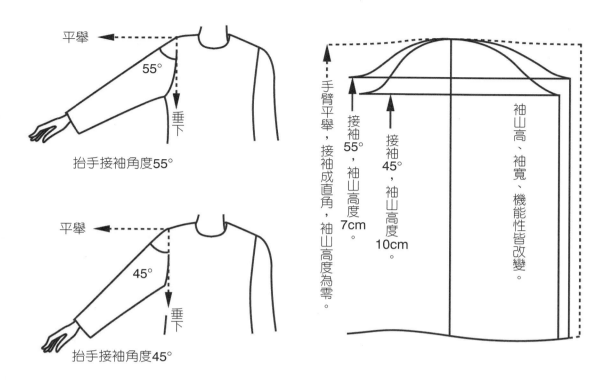

圖3-10　接袖角度與袖的構成變化

圖中文字（由左至右、上至下）：

平舉　55°　垂下
抬手接袖角度55°

平舉　45°　垂下
抬手接袖角度45°

手臂平舉，接袖成直角，袖山高度為零。

接袖55°，神山高度7cm。

接袖45°，神山高度10cm。

袖山高、袖寬、機能性皆改變。

四、裁片的簡化

　　在西式裁剪中，高合身度的衣服常以多裁片構成，來達到貼服身體曲面的目的。在中式裁剪中，採平面式的一片裁剪法，忽略身體厚度尺寸，所以無法做出高合身度的衣服。現代旗袍裁剪為達到高合身度目的，就採用西式裁剪方法且打褶可達前後六至八條之多。在服裝構成上，衣服是以平面的布料包裹立體的人體，所以產生褶份。根據服裝設計與穿著需求，褶份可透過車合、轉移、分散等方式呈現。因此當衣服依不同用途，高合身度的需求降低，而機能性的要求提高時，就可以在合理的鬆份與人體活動的考量下簡化裁片與製作過程（圖3-11）。

　　單接縫裁剪依據合理的鬆份思考，希望以合身且好穿、易活動的目的來簡化衣服裁剪的片數。做法是先將前身片胸褶分量移至胸圍線以剪接線方式處理，再將前身片剪接

線以上部分移動與後身片肩線合併，肩線與脇線皆前後相連，身片的裁片就能簡化成一片，且胸圍線接合後仍能呈現胸部的立體線條（圖3-12）。

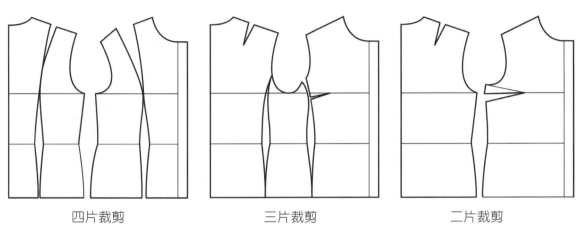

四片裁剪　　　　　　　三片裁剪　　　　　　　二片裁剪

圖3-11　裁片由繁至簡的版型

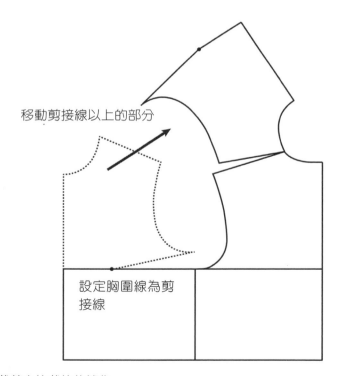

移動剪接線以上的部分

設定胸圍線為剪接線

圖3-12　單接縫裁剪身片裁片的簡化

以連袖的方式，將身片袖襱與基本袖袖襱相合，身片的裁片與袖片的裁片可再簡化成一片。前身片剪接線以上部分空出的位置，正好由袖子的分量遞補。後袖寬會與前身剪接線以下的裁片重疊（圖3-13），所以要將重疊的分量移到前袖寬補足（圖3-14），袖寬寬度不改變。因為肩斜度的關係，袖下的布紋會不同，但尺寸要相同。使用基本袖型來繪製袖寬寬度，所產生袖下襠布的角度應與基本袖型的袖下角度相同，維持上肢向前傾的人體常態角度。

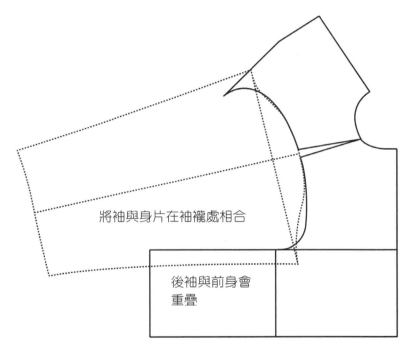

將袖與身片在袖襱處相合

後袖與前身會
重疊

圖3-13　單接縫裁剪袖片與身片構成

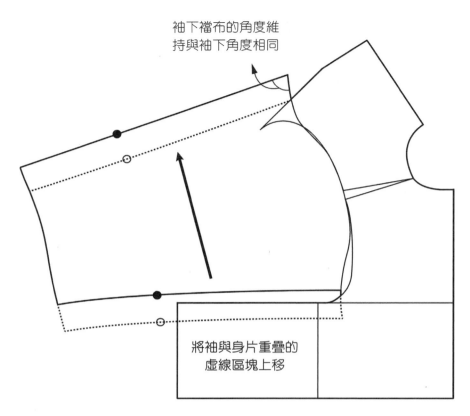

袖下襠布的角度維
持與袖下角度相同

將袖與身片重疊的
虛線區塊上移

圖3-14　單接縫裁剪袖片與身片構成

單接縫裁剪基本製圖說明

一、決定衣身寬

衣服的寬度隨著流行有極敏感的變化，寬度可改變衣服的外觀，也影響個人穿衣的習慣及喜好。單接縫裁剪是以中式服裝右衽的思考為出發點，衣襟的覆蓋方向為左身蓋右身，因此製圖方向以上片的左半身為主。上衣的寬度是以胸圍加上鬆份為準，鬆份量依款式、材質與布幅寬而定（表4-1）。

要達到降低成本、布盡其用，可依據衣料的布幅寬再設定衣服的寬度。以布幅110cm寬為例，布料寬對半褶雙寬度為55cm，扣除衣服前端留貼邊分量5cm，半件衣服的寬度可做到50cm。若以中號標準胸圍尺寸84cm計算，則衣服的胸圍鬆份倒推為16cm。胸圍鬆份16cm就是比原型的鬆份為8～10cm寬鬆一點的程度，此鬆份量已可達到合身大衣的標準。

表4-1　衣服基本寬鬆份參考表

寬鬆份	胸圍B	腰圍W	臀圍H	袖寬尺寸 可依胸與肩寬比例改變
襯　衫	8cm以上	8cm以上	6cm以上	臂圍＋6～12cm
洋　裝	10cm以上	8cm以上	4cm以上	臂圍＋6～12cm
西　裝	12cm以上		合身8cm以上 寬鬆10cm以上	臂圍＋6～13cm以上
大　衣	16～30cm		15cm以上	臂圍＋10～15cm以上
針織 合身衣	-2～6cm	0～6cm	0～4cm	臂圍＋2～6cm

袖子因為是連袖型，袖長會受布幅寬度限制。市售布料大部分布幅寬度規格為72cm、90cm、110cm、144cm、150cm寬。使用布幅90cm寬時，需要剪接後中心；使用布幅110cm寬，後中心線折雙裁剪時，袖長僅能到肘部的長度；若要製作長袖，袖口可以設計袖口布或是採後中心剪接的兩片裁片作法。使用布幅144cm或150cm寬時，可做到一片裁片且袖長是手腕全長。

繪圖從前中心到後中心線為半件衣服衣身寬。先繪出前、後中心線，再置入原型繪圖（參照頁48）。

　　公式為：**半件衣服衣身寬 ＝ B／2 ＋ 鬆份／2**。

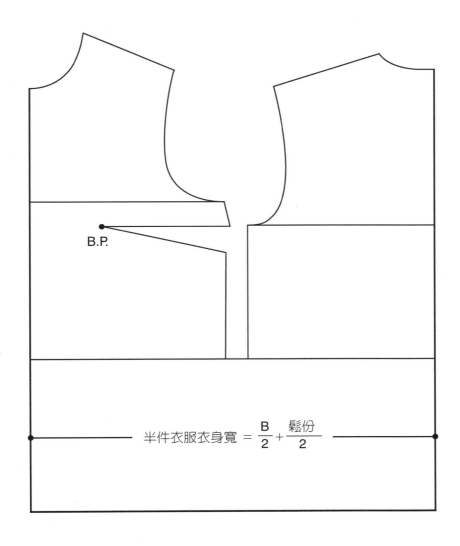

$$半件衣服衣身寬 = \frac{B}{2} + \frac{鬆份}{2}$$

二、決定後衣身寬、前衣身寬、側身寬

衣服的胸圍尺寸＝前衣身寬＋後衣身寬＋側身襠布寬。後衣身寬為量身時背寬尺寸加鬆份，以中號標準背寬量身尺寸34cm計算，半件為17cm加上鬆份6cm，基本繪圖尺寸為23cm。前衣身寬為量身時胸寬尺寸加鬆份；側身襠布寬取袖襠寬為身體厚度，可用B／10為參考數據。

公式為：**半件後衣身寬 ＝ 背寬／2 ＋ 背寬鬆份／2；**

半件前衣身寬 ＝ 胸寬／2 ＋ 胸寬鬆份／2。

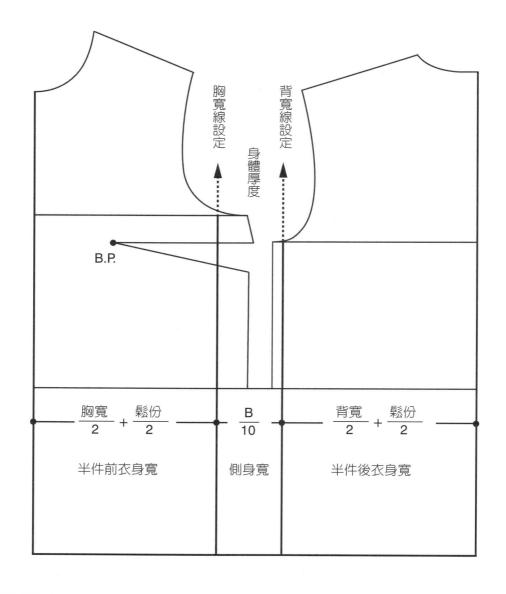

三、剪接線位置

基本型的單接縫剪接線位置在前胸，將後身片的胸圍線降低，畫水平線延伸到前身片為剪接線。剪接線的位置高低可配合袖寬做適度的變化調整，剪接線位置愈低、袖寬寬度愈寬。

在前身片剪接線與胸寬線交叉點取為A點，後身片剪接線與背寬線交叉點取為B點，A點至B點間寬度為側身寬度。胸褶分量在長度與寬度都不改變下，移到剪接線位置成為A點至A1點的褶，之後再利用剪接線處理A點至A1點的胸褶份。

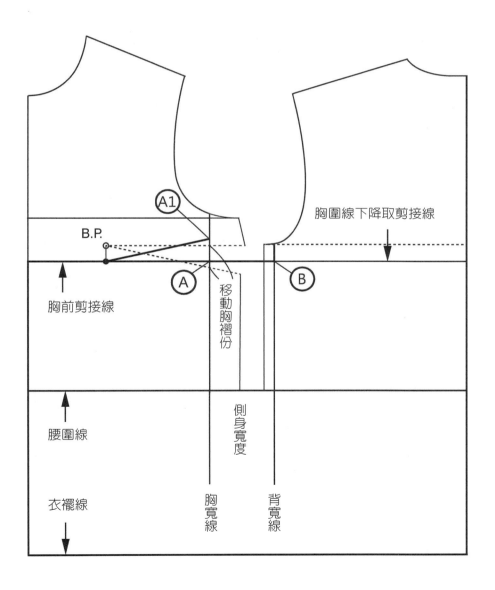

四、肩袖長

為增加手臂上舉所需的活動鬆份，肩點要提高，再與頸側點連線為袖長線。

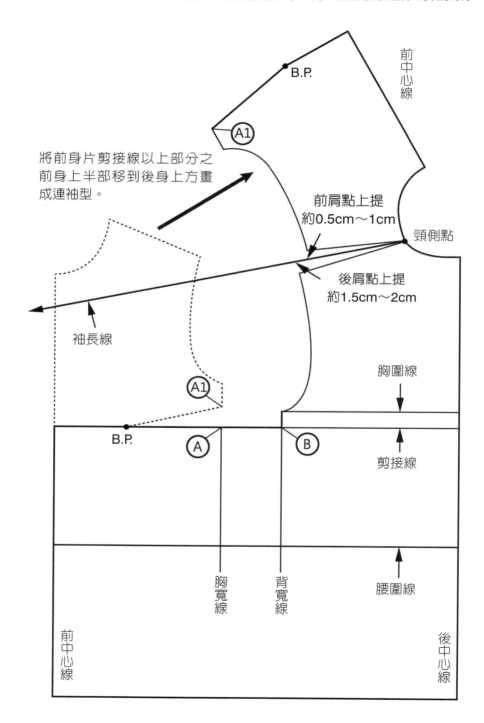

B.P.

前中心線

A1

將前身片剪接線以上部分之前身上半部移到後身上方畫成連袖型。

前肩點上提
約0.5cm～1cm

頸側點

後肩點上提
約1.5cm～2cm

袖長線

A1

B.P.

胸圍線

剪接線

A

B

胸寬線

背寬線

腰圍線

前中心線

後中心線

五、袖寬線與袖口線

後衣身B點與前衣身A1點的連線為袖寬線。A1點至B1點為側身寬度。

袖中線配合人體向前活動前移，由前移位置分別畫出前後袖口，後袖口大於前袖口約2cm。

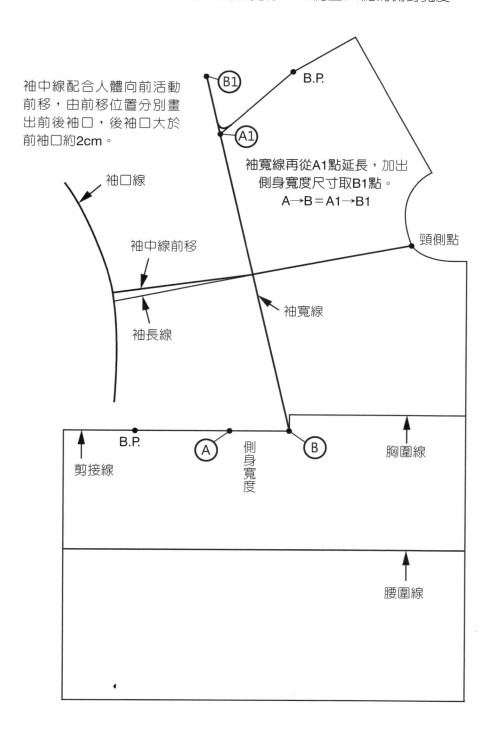

袖口線

袖中線前移

袖長線

B1

B.P.

A1

袖寬線再從A1點延長，加出側身寬度尺寸取B1點。
A→B＝A1→B1

頸側點

袖寬線

B.P.

A

側身寬度

B

胸圍線

剪接線

腰圍線

六、袖下線與車縫對合點

前袖口與B1點連線，後袖口與後胸圍連線，畫出袖下線，兩袖下線應等長。

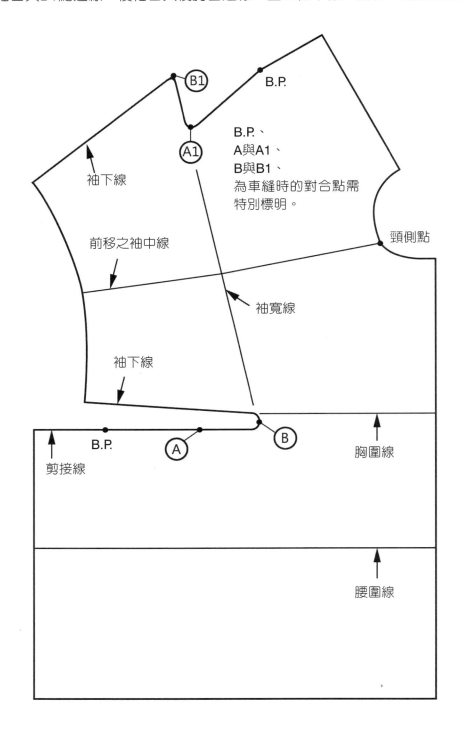

B1

B.P.

A1

B.P.、
A與A1、
B與B1、
為車縫時的對合點需
特別標明。

袖下線

前移之袖中線

頸側點

袖寬線

袖下線

B.P.

A

B

胸圍線

剪接線

腰圍線

款式
設計篇

5

襯衫裁剪款式設計

款式一

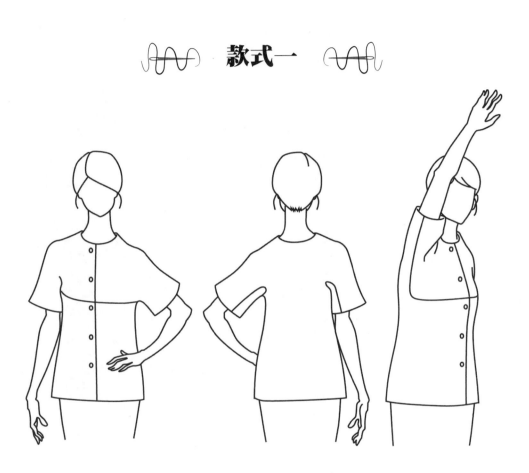

基本型短袖→前身胸線橫向剪接

款式說明

1. 為單接縫裁剪最基本型，可作為基本原型。

2. 使用標準中號尺寸：B84cm、胸寬32cm、背寬34cm。

3. 整件衣服胸圍鬆份16cm、胸寬鬆份6cm、背寬鬆份12cm。

4. 以布寬三尺八寬、110cm計算用布量，半件衣服衣身寬50cm。

5. 所需用布長約衣長的1.5倍。

6. 衣長可自訂，袖長依布寬決定。

7. 前中心做開口處理，後中心線裁雙。

8. 領圍可依領型決定開口尺寸。此處採用原型領圍，不做變化設計。

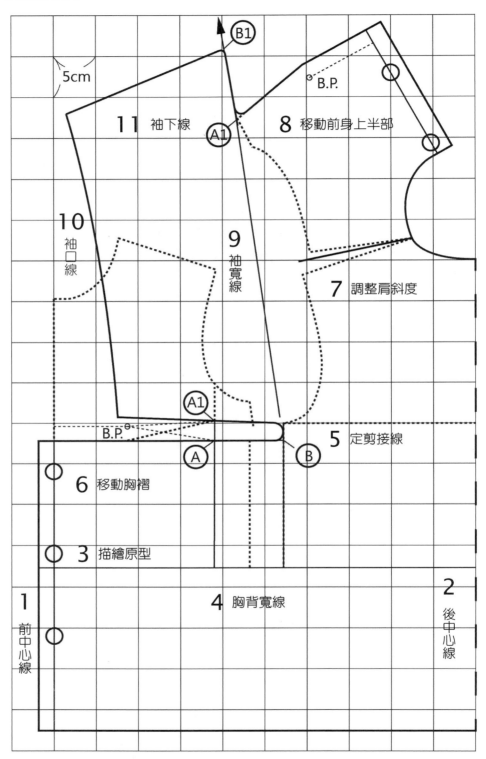

5cm

11 袖下線　　　8 移動前身上半部

B.P.

A1

10 袖口線

9 袖寬線

7 調整肩斜度

A1

B.P.　　5 定剪接線

A

B

6 移動胸褶

3 描繪原型

1 前中心線

4 胸背寬線

2 後中心線

製圖尺寸

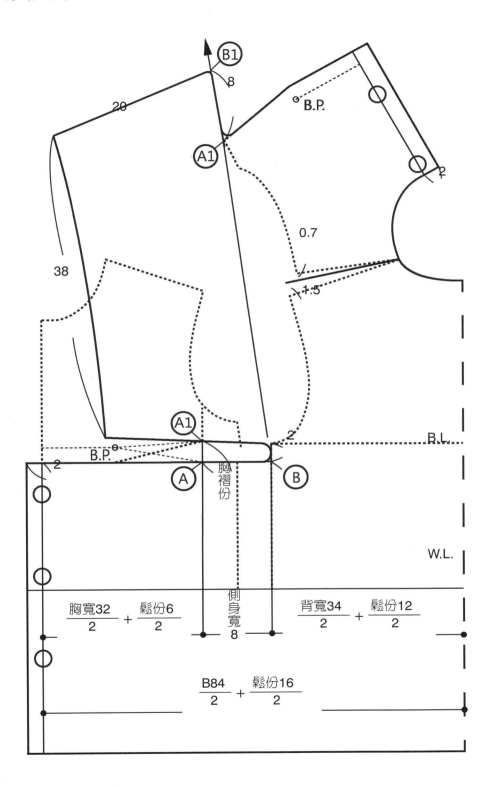

（B1）

8

20

B.P.

（A1）

2

0.7

38

+.5

（A1）

（A1）

B.P.

2

2

B.L.

（A）

（B）

胸褶份

W.L.

$$\frac{胸寬32}{2} + \frac{鬆份6}{2}$$

側身寬 8

$$\frac{背寬34}{2} + \frac{鬆份12}{2}$$

$$\frac{B84}{2} + \frac{鬆份16}{2}$$

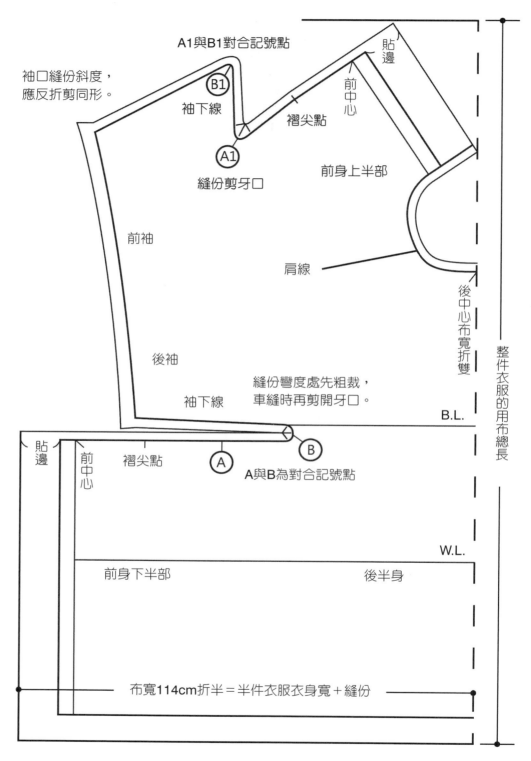

裁剪要點

A1與B1對合記號點

貼邊

袖口縫份斜度，
應反折剪同形。

B1

袖下線

前中心

褶尖點

A1

縫份剪牙口

前身上半部

前袖

肩線

後袖

後中心布寬折雙

整件衣服的用布總長

縫份彎度處先粗裁，
車縫時再剪開牙口。

袖下線

B.L.

貼邊

前中心

褶尖點

A

A與B為對合記號點

B

W.L.

前身下半部

後半身

布寬114cm折半＝半件衣服衣身寬＋縫份

裁剪縫份

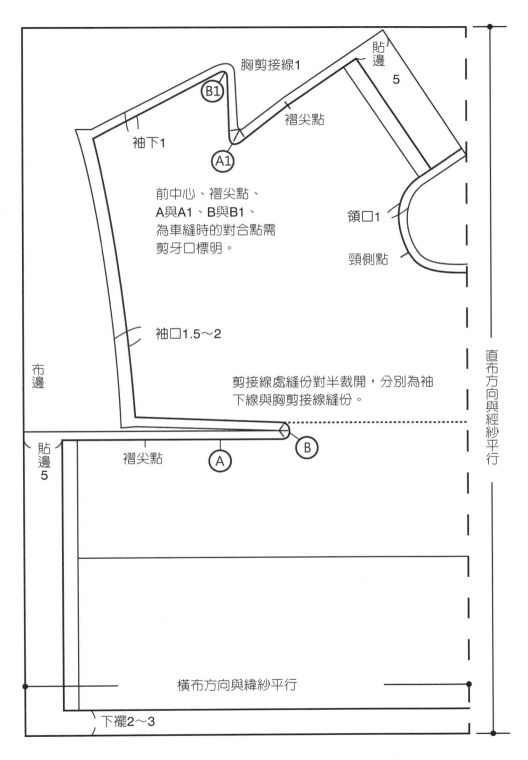

胸剪接線1

貼邊

5

B1

袖下1

褶尖點

A1

前中心、褶尖點、
A與A1、B與B1、
為車縫時的對合點需
剪牙口標明。

領口1

頸側點

袖口1.5～2

布邊

剪接線處縫份對半裁開，分別為袖
下線與胸剪接線縫份。

貼邊
5

褶尖點

A

B

直布方向與經紗平行

橫布方向與緯紗平行

下襬2～3

車縫製作要點

1. 前貼邊貼增強襯。A1點與B點要剪牙拉直車縫，可貼襯補強。

2. 車合胸橫向剪接線：A點與A1點記號、B點與B1點記號須對合，這是衣服唯一的接縫線，也是製作上的重點。剪接線由前中心車縫至A點時，車針應插在原處，提起縫紉機壓腳將A1點做轉角車縫，再對合B點與B1點記號車縫至袖口。B點處要將縫份剪開拉成180°後，與B1點處約60°的裁片做轉角車縫，可以利用「角的處理」方式製作。

3. 處理領口。

4. 處理袖口。

5. 處理衣襬。

6. 開釦洞、縫釦子。

角的處理

使用力布可以將角度車的美觀，並防止縫份綻開。

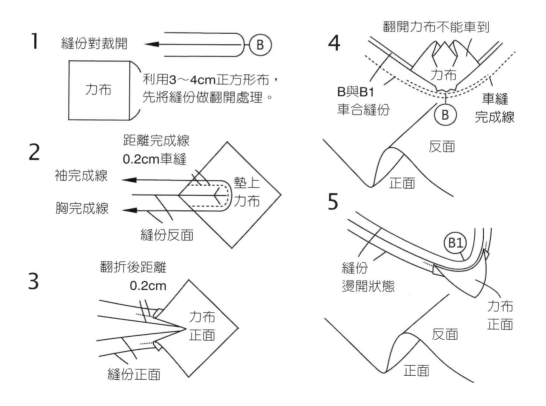

076　單接縫裁剪版型研究

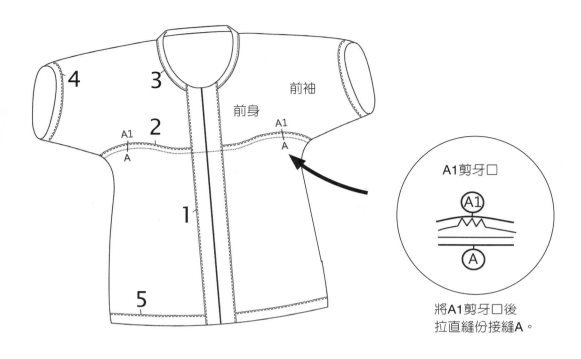

前袖

前身

4   3

A1   2   A1
A   A

1

5

A1剪牙口

Ⓐ1

Ⓐ

將A1剪牙口後
拉直縫份接縫A。

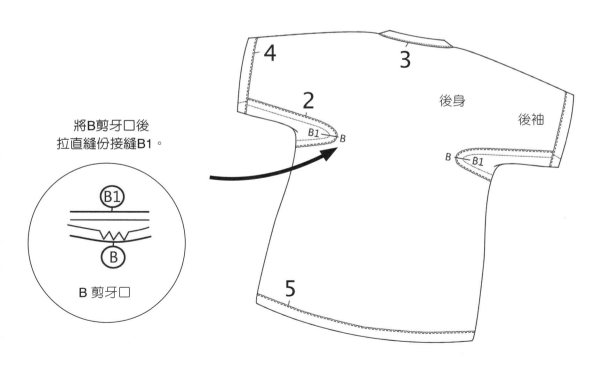

將B剪牙口後
拉直縫份接縫B1。

Ⓑ1

Ⓑ

B 剪牙口

4   3

2

後身

B1   B   後袖

B   B1

5

款式二

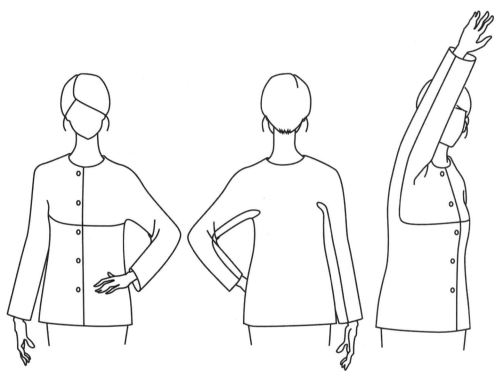

基本型長袖→窄袖型

款式說明

1. 基本長袖型，可分為袖子有肘褶與無肘褶兩款。

2. 窄袖型的袖子強調手臂的型態，愈貼合的袖型在肘部的彎曲度愈強。前後袖下線因應彎曲度會產生尺寸上的差異：尺寸差異少時，可在前袖下線邊拔、後袖下線邊縮；尺寸差異多時，則以車褶子處理。

3. 整件衣服胸圍鬆份20cm、胸寬鬆份8cm、背寬鬆份12cm。

4. 以布寬五尺寬、150cm計算用布量，半件衣服衣身寬52cm。

5. 所需用布長約衣長的1.5倍。

6. 衣長可自訂，袖長依布寬決定。

7. 前中心做開口處理，後中心線裁雙。

8. 領圍可依領型決定開口尺寸。此處採用原型領圍，不做變化設計。

袖下長製圖要點

依基本型製圖，不同款式設計可能造成前後袖下線的長度與斜度差異太大，尤其長袖型更為明顯。利用弧線轉動的方式，維持側身寬與後袖下長尺寸不變，以斜度改變來調整前袖下的長度。

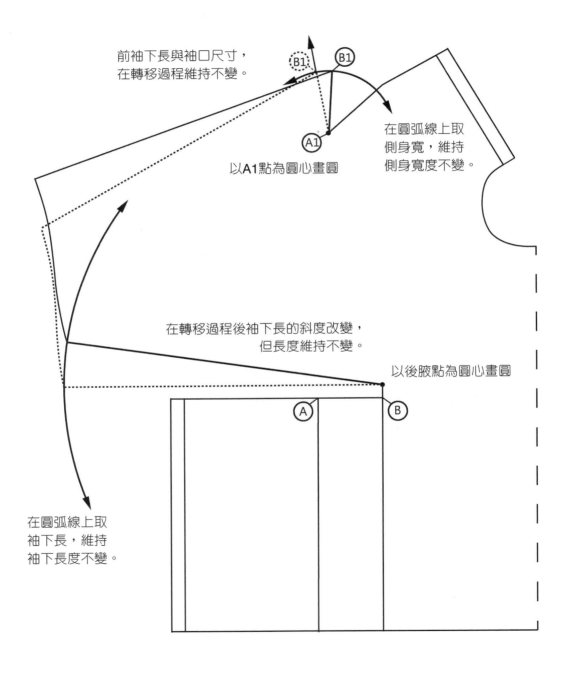

前袖下長與袖口尺寸，
在轉移過程維持不變。

在圓弧線上取
側身寬，維持
側身寬度不變。

以A1點為圓心畫圓

在轉移過程後袖下長的斜度改變，
但長度維持不變。

以後腋點為圓心畫圓

在圓弧線上取
袖下長，維持
袖下長度不變。

製圖→有袖褶款式

1. 袖子依手臂前傾的方向性，袖中心線要前移2cm。

2. 肘褶分量較多時，可三分之二車褶，三分之一做燙縮處理。

3. 手臂往前動作多於往後動作，所以後袖口寬的寬鬆份要比前袖口寬多。

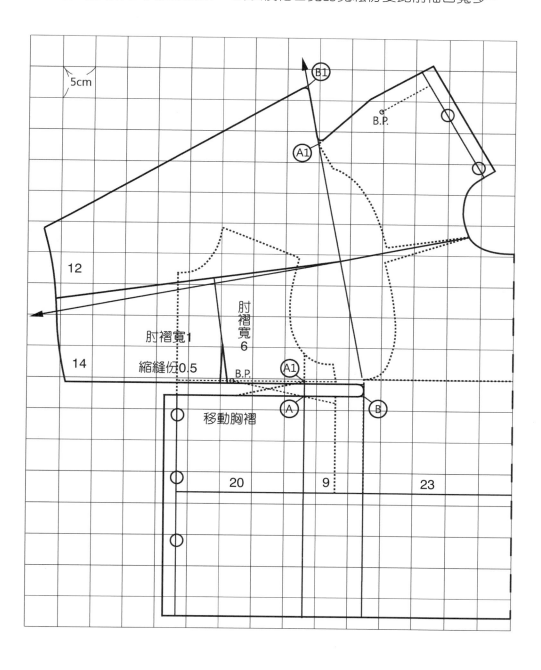

製圖→無袖褶款式

1. 袖子依手臂前傾的方向性，後袖脇的斜度應比前袖脇大。

2. 後袖脇的長度要比前袖脇長時，可在肘線位置做前袖邊拔、後袖邊縮處理。

3. 袖口尺寸至少為掌圍尺寸＋1～2cm。

袖下線要等長，B1可向右調整位置。

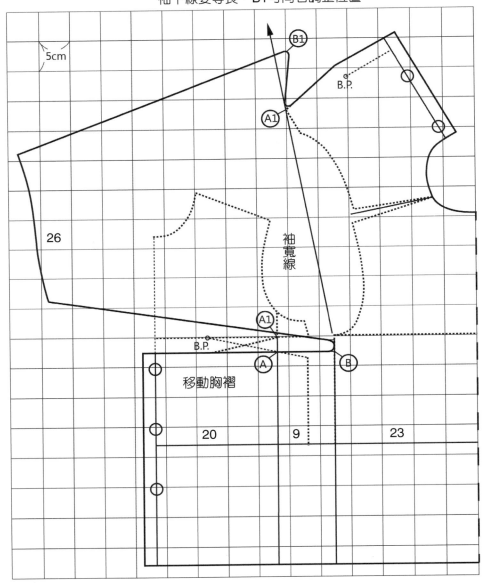

款式三

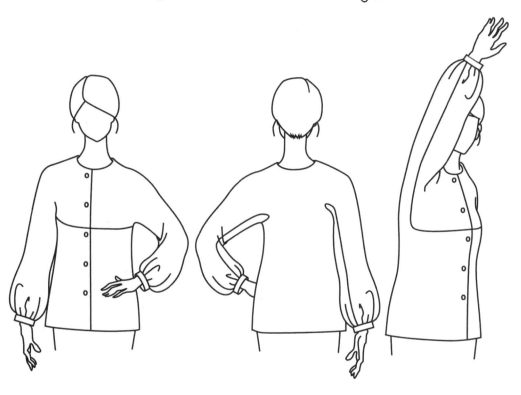

基本型長袖→寬袖型

款式說明

1. 基本長袖型，袖口寬與袖寬同寬，袖口以活褶或抽褶處理並做袖口布。

2. 寬型的袖子在袖口寬處有鬆份，將鬆份收緊就成為泡泡袖，以不同的褶處理方式，可變化不同的設計樣式。袖下線在肘線處稍內縮，比袖口寬度小會產生強調袖口膨出的效果。

3. 整件衣服胸圍鬆份20cm、胸寬鬆份8cm、背寬鬆份12cm。

4. 以布寬五尺寬、150cm計算用布量，半件衣服衣身寬52cm。

5. 所需用布長約衣長的1.5倍。

6. 衣長可自訂。袖長要扣除袖口布寬度，再加上袖口膨出分量1cm。

7. 前中心做開口處理，後中心線裁雙。

8. 領圍可依領型決定開口尺寸。此處採用原型領圍，不做變化設計。

製圖

1. 袖口寬度40cm，若袖口布長度取18cm，則袖口有鬆份22cm。
2. 袖口線弧度與鬆份分配根據手臂的動作及方向性來決定，後袖口的分量褶份比前袖口多。因為是膨袖，後袖口線弧度還可追加1cm增加機能性的分量。

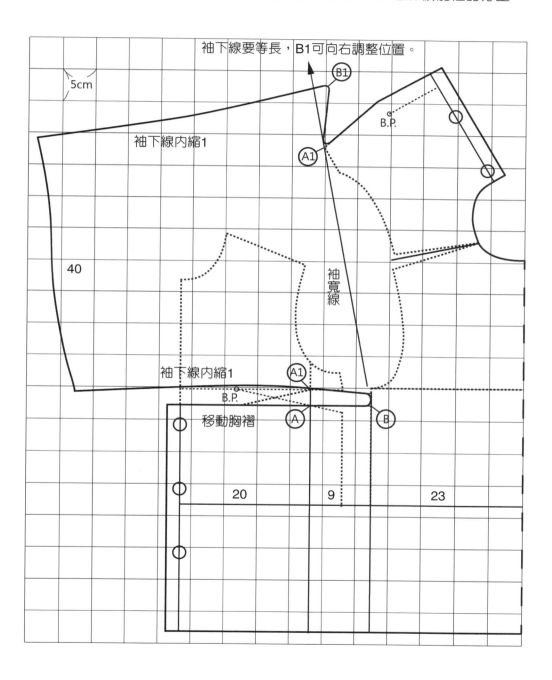

款式四

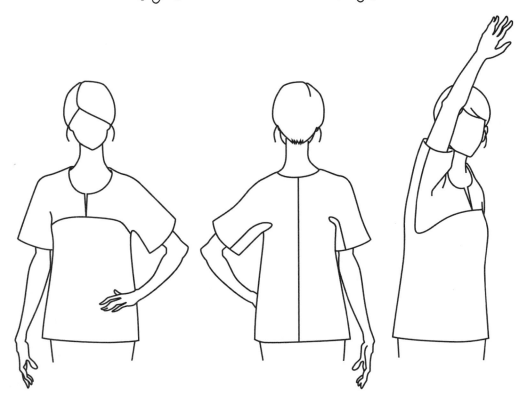

套頭式罩衫→半開襟

款式說明

1. 款式一基本型的相似款，如居家穿著的休閒衫，適合針織布料或輕薄布料。可利用滾邊或裝飾邊配色，凸顯剪接線。

2. 採用套穿的方式，領圍尺寸加上前開口的尺寸約55cm～60cm要大於頭圍。因為人體脖子前傾的關係，前領可降低下挖、頸側點可挖大少許、後領不宜下挖。

3. 整件衣服胸圍鬆份24cm、胸寬鬆份10cm、背寬鬆份14cm。

4. 以布寬三尺八寬、110cm計算用布量，半件衣服衣身寬54cm。

5. 所需用布長約衣長的1.5倍。

6. 衣長可自訂，袖長約22cm。

7. 前中心線下半部裁雙、前中心上半部做開口處理，後中心線直接車合。

8. 領圍可用貼邊或滾邊車縫處理。

胸褶移位製圖要點

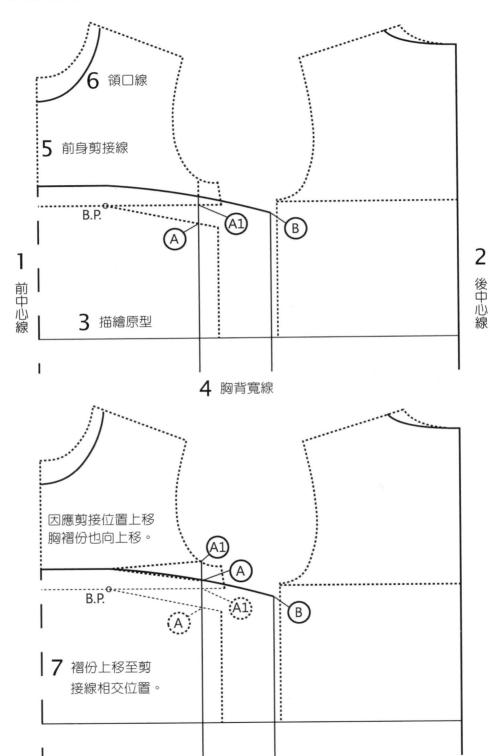

6 領口線

5 前身剪接線

B.P.

Ⓐ

A1

Ⓑ

1 前中心線

3 描繪原型

2 後中心線

4 胸背寬線

因應剪接位置上移
胸褶份也向上移。

A1

Ⓐ

B.P.

A1

Ⓐ

Ⓑ

7 褶份上移至剪
接線相交位置。

胸褶處理製圖要點

將胸褶份A與A1改變為前身剪接線的上下接縫線,利用接縫線的車縫處理胸褶分量。

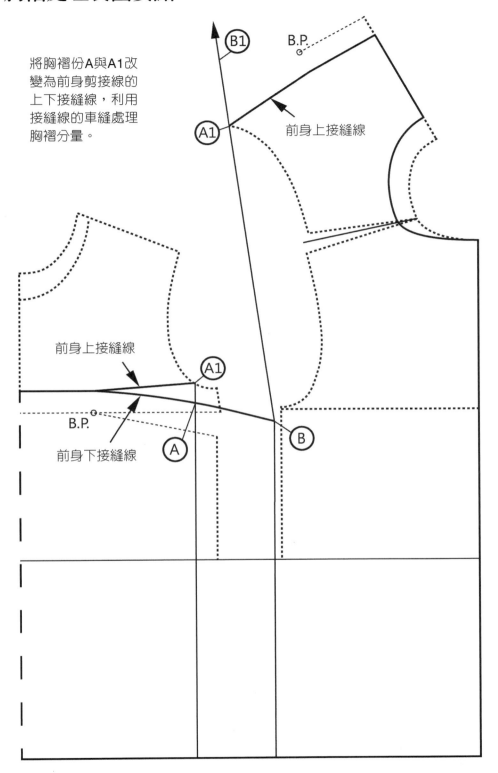

製圖尺寸

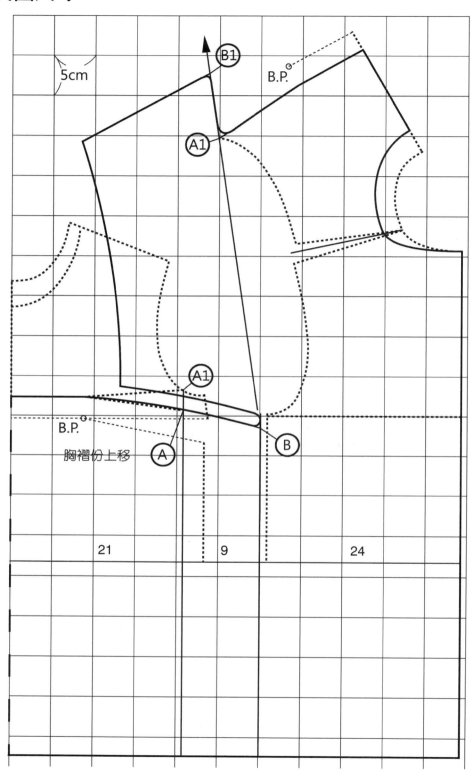

5cm

B1

B.P.

A1

A1

B.P.

胸褶份上移

A

B

21 9 24

款式五

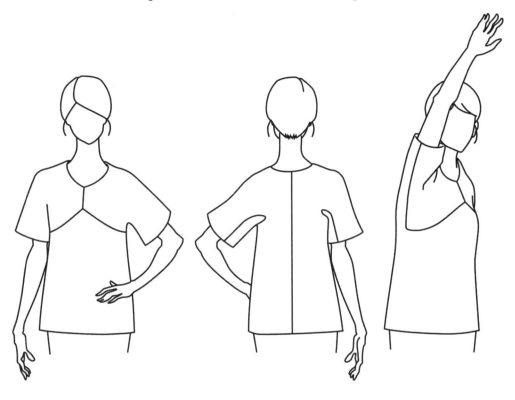

套頭式罩衫→交叉襟

款式說明

1. 移動變化前胸的橫向剪接線，將剪接線向前中心斜向提高，做出V型對稱的領口斜線變化設計。適合以針織布料或輕薄布料製作居家穿著的休閒衫。

2. 採用套穿的方式，領圍尺寸約55cm～60cm，要大於頭圍，可在後領圍中心作開口，增加領圍開口尺寸。

3. 因為利用接縫線處理胸褶分量的關係，前身剪接線的上下接縫線弧度不同，會有尺寸的差異，製作時可燙縮或縮縫處理。

4. 整件衣服胸圍鬆份24cm、胸寬鬆份10cm、背寬鬆份14cm。

5. 以布寬三尺八寬、110cm計算用布量，半件衣服衣身寬54cm。

6. 所需用布長約衣長的1.5倍，衣長可自訂，袖長約22cm。

7. 前中心線下半部裁雙，前中心線上半部與後中心線各自直接車合。

製圖

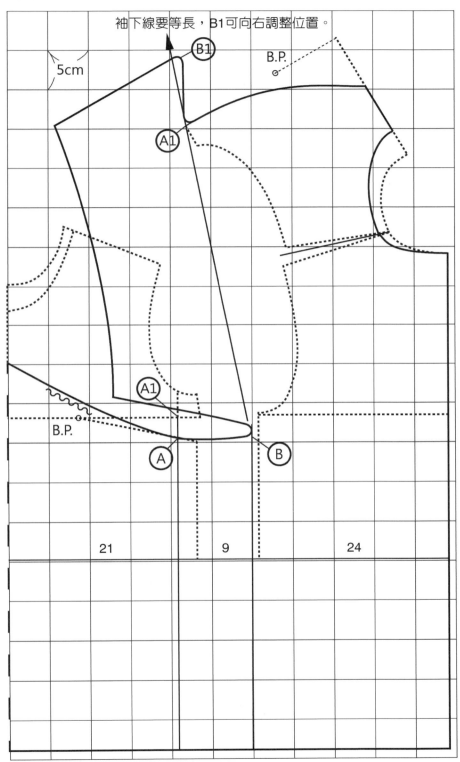

款式六

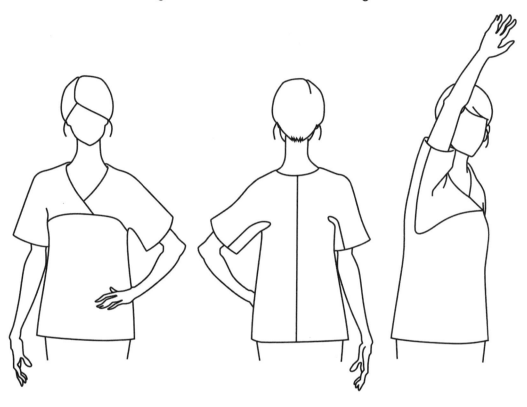

套頭式罩衫→交叉重疊襟

款式說明

1. 將布料充分運用，利用前身上半部裁片多餘的空間將斜襟重疊，做出不對稱的領口斜線交疊變化設計。

2. 採用套穿的方式，領圍尺寸約55cm～60cm，要大於頭圍。因為前中心有疊合的分量，所以開口會變大，前領圍不用下挖太低。

3. 胸褶處理方式同款式四、頁88～89。

4. 整件衣服胸圍鬆份24cm、胸寬鬆份10cm、背寬鬆份14cm。

5. 以布寬三尺八寬、110cm計算用布量，半件衣服衣身寬54cm。

6. 所需用布長約衣長的1.5倍。

7. 衣長可自訂，袖長約22cm。

8. 前中心線下半部裁雙、前中心上半部做開口處理，後中心線直接車合。

製圖→無肩褶款式

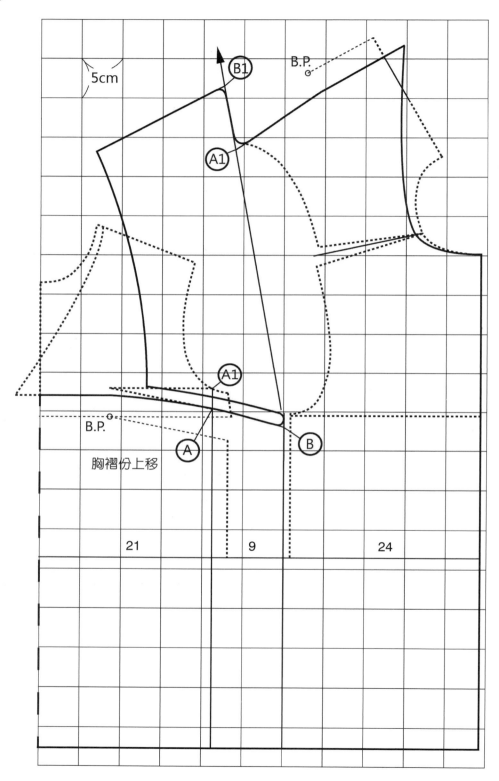

5cm

B1

B.P.

A1

A1

B.P.

B

A

胸褶份上移

21   9   24

單接縫裁剪版型研究

肩褶製圖要點

依不同款式設計，想要改變袖子的寬度，可在肩部畫出肩褶分量。肩褶使肩部更為立體，還可調整袖寬大小。利用弧線轉動的方式，維持前身上半部尺寸不變，但角度改變，來調整袖子的寬度與肩褶的分量。

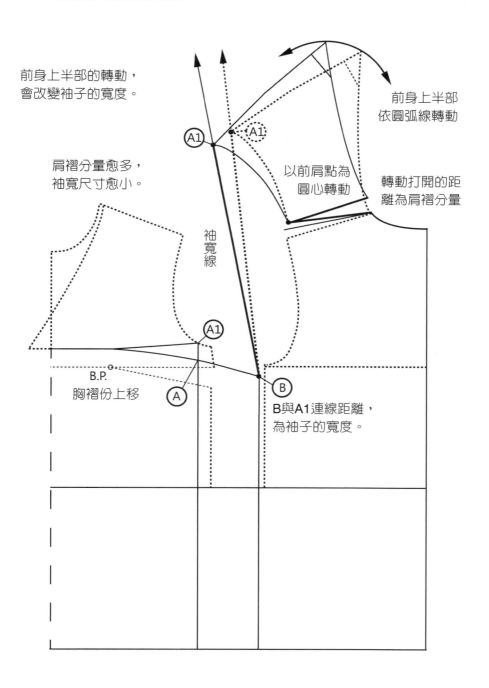

前身上半部的轉動，
會改變袖子的寬度。

前身上半部
依圓弧線轉動

肩褶分量愈多，
袖寬尺寸愈小。

以前肩點為
圓心轉動

轉動打開的距
離為肩褶分量

袖寬線

A1

A1

A1

B.P.
胸褶份上移

A

B

B與A1連線距離，
為袖子的寬度。

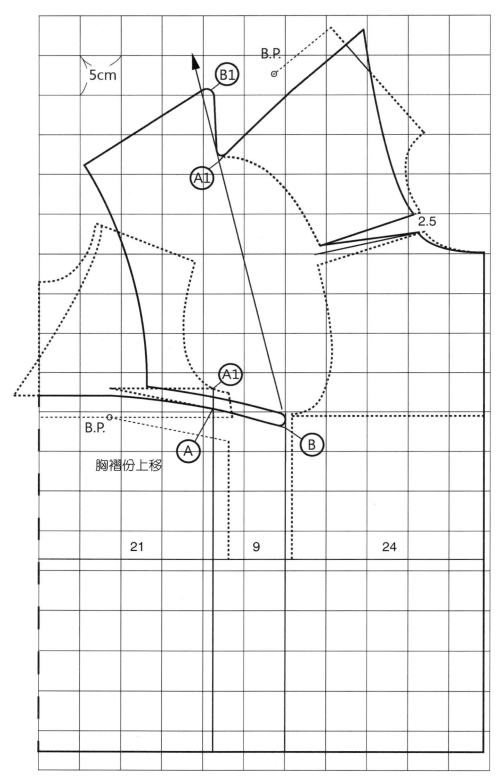

5cm

B.P.

B1

A1

2.5

A1

B.P.

A

B

胸褶份上移

21

9

24

款式七

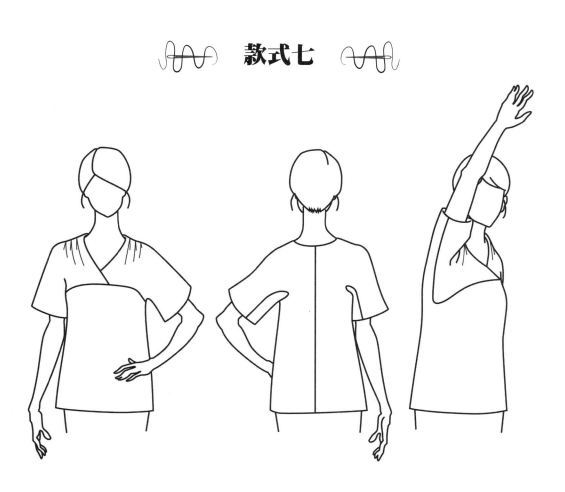

套頭式罩衫→前肩活褶設計

款式說明

1. 款式六交叉重疊襟的變化款。在前身上半部肩線處加上二至三條的活褶,適合類似絲質的柔軟布料。

2. 採用套穿的方式,領圍尺寸約55cm~60cm要大於頭圍。因為前中心有疊合的分量,所以開口會變大,前領圍不用下挖太低。

3. 整件衣服胸圍鬆份24cm、胸寬鬆份10cm、背寬鬆份14cm。

4. 以布寬三尺八寬、110cm計算用布量,半件衣服衣身寬54cm。

5. 所需用布長約衣長的1.5倍。

6. 衣長可自訂,袖長約22cm。

7. 前中心線下半部裁雙、前中心上半部做開口處理,後中心線直接車合。

8. 領圍可用貼邊或滾邊車縫處理。

製圖

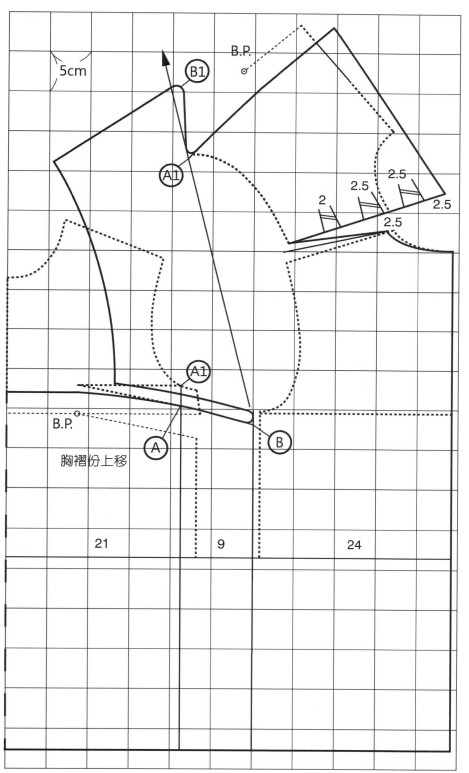

款式八

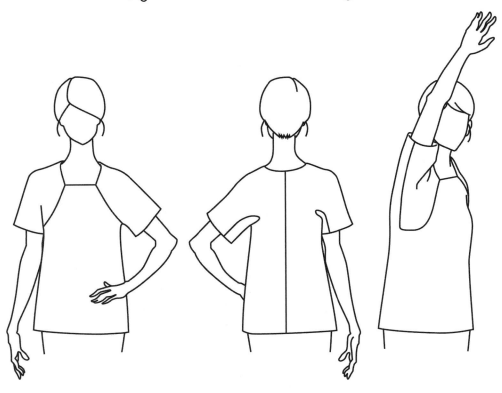

方形領口拉克蘭剪接罩衫

款式說明

1. 胸前剪接線採類似拉克蘭剪接線與方型領口的變化設計。

2. 採用套穿的方式，領圍尺寸要大於頭圍。可在後領圍中心作開口，增加領圍開口尺寸。

3. 整件衣服胸圍鬆份24cm、胸寬鬆份10cm、背寬鬆份14cm。

4. 以布寬三尺八寬、110cm計算用布量，半件衣服衣身寬54cm。

5. 所需用布長約衣長的1.5倍。

6. 衣長可自訂，袖長約18cm。

7. 前中心線裁雙，後中心線視領圍尺寸的大小做開口處理或直接車合。

8. 領圍用貼邊車縫處理。

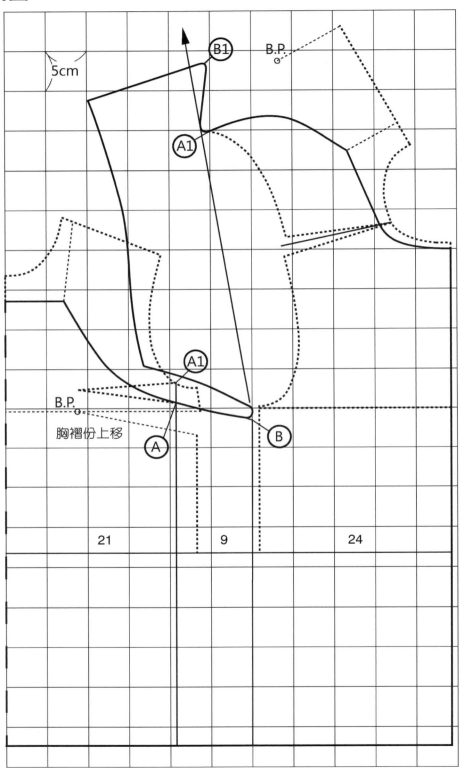

款式九

V形領口後身剪接罩衫

款式說明

1. 將剪接線移至後身片，採斜向倒V線條與V型領口的變化設計。

2. 前中心線裁雙、前身為完整裁片，在剪接線轉角處車縫胸褶。

3. 採用套穿的方式，領圍尺寸要大於頭圍。在後領圍中心作半開
   襟開口與開釦處理，增加領圍開口尺寸。

4. 整件衣服胸圍鬆份24cm、胸寬鬆份10cm、背寬鬆份14cm。

5. 以布寬三尺八寬、110cm計算用布量，半件衣服衣身寬54cm。

6. 所需用布長約衣長的1.5倍。

7. 衣長可自訂，袖長約15cm。

8. 領圍用貼邊車縫處理。

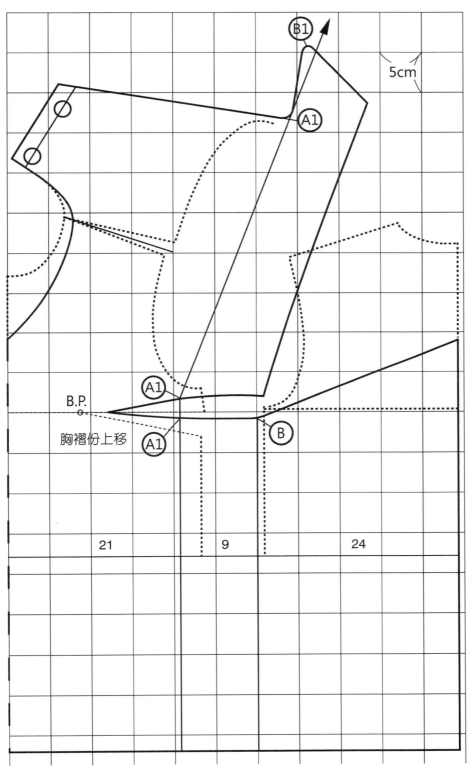

款式十

U型領口拉克蘭剪接襯衫

款式說明

1. 將剪接線移至後身片，採拉克蘭剪接線與U型領口的變化設計。

2. 前身為完整裁片，前襟作開釦處理，胸褶不做處理，直接留為衣服的鬆份。

3. 整件衣服胸圍鬆份24cm、胸寬鬆份10cm、背寬鬆份14cm。

4. 以布寬三尺八寬、110cm計算用布量，半件衣服衣身寬54cm。

5. 所需用布長約衣長的1.5倍。

6. 衣長可自訂，袖長約15cm。

7. 後中心線裁雙。

8. 領圍用貼邊車縫處理。

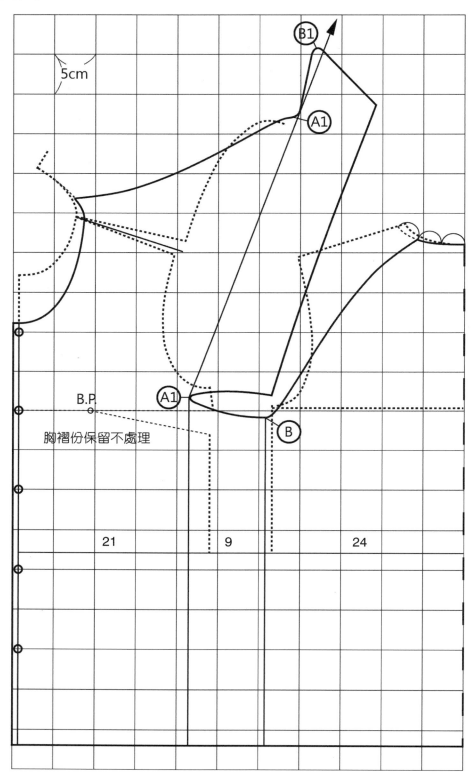

5cm

B1

A1

A1

B

B.P.

胸褶份保留不處理

21   9   24

款式十一

圓領肩章袖剪接罩衫

款式說明

1. 剪接線提高至領口，採包肩式的肩章袖剪接線與圓型領口的變化設計。因剪接線提高，胸褶不做處理，直接留為衣服的鬆份。

2. 採用套穿的方式，領圍尺寸要大於頭圍。可在後領圍中心作開口，增加領圍開口尺寸。

3. 整件衣服胸圍鬆份24cm、胸寬鬆份10cm、背寬鬆份14cm。

4. 以布寬三尺八寬、110cm計算用布量，半件衣服衣身寬54cm。

5. 所需用布長約衣長的1.5倍。

6. 衣長可自訂，袖長約15cm。

7. 前中心線裁雙，後中心線視領圍尺寸的大小做開口處理或直接車合。

8. 領圍用貼邊車縫處理。

製圖

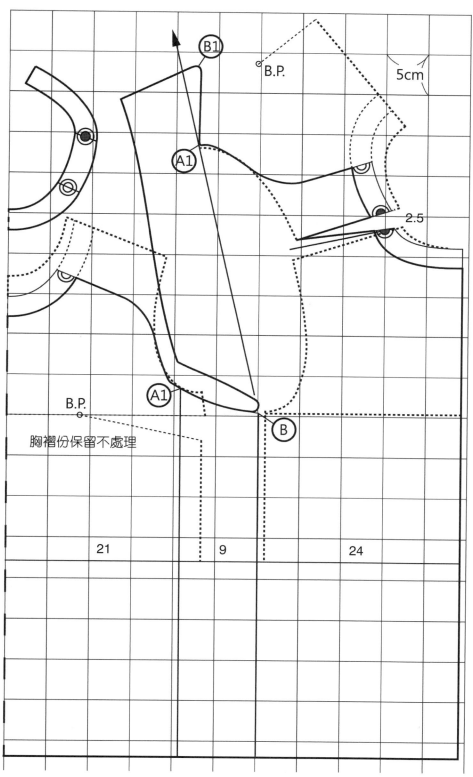

將領圍裁片合併成為一片。

B1

B.P.

5cm

A1

2.5

A1

B

B.P.

胸褶份保留不處理

21　9　24

款式十二

連裁立領拉克蘭剪接罩衫

款式說明

1. 剪接線提高至領口，採拉克蘭袖線條與 U 型領口連續裁剪類似立領的變化設計。因為剪接線提高，胸褶不做處理，直接留為衣服的鬆份。

2. 採用套穿的方式，領圍尺寸要大於頭圍；可在後領圍中心作開口，增加領圍開口尺寸。

3. 整件衣服胸圍鬆份24cm、胸寬鬆份10cm、背寬鬆份14cm。

4. 以布寬三尺八寬、110cm計算用布量，半件衣服衣身寬54cm。

5. 所需用布長約衣長的1.5倍。衣長可自訂，袖長約17cm。

6. 前中心線裁雙，後中心線視領圍尺寸的大小做開口處理或直接車合。

7. 領圍用貼邊車縫處理。

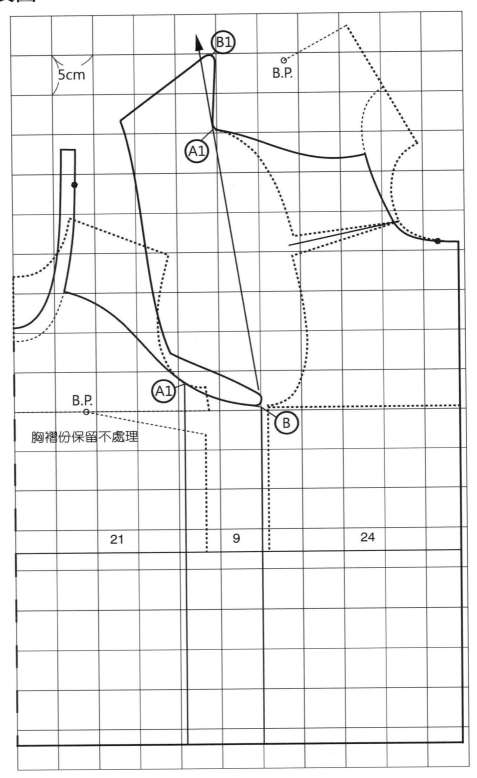

5cm

B1

B.P.

A1

A1

B

B.P.

胸褶份保留不處理

21　　　9　　　24

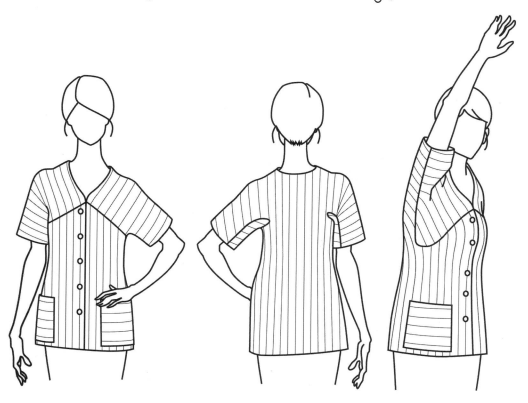

款式十三

斜襟剪接條紋衣

款式說明

1. 胸前剪接線與領口採斜線變化。使用條紋布製作，條紋紋路在胸前剪接線處可對合出漂亮的角度。

2. 因為利用接縫線處理胸褶分量的關係，前身剪接線的上下接縫線弧度不同，會有尺寸的差異，製作時可燙縮或縮縫處理。

3. 利用剩餘碎布製作貼式口袋，若要凸顯條紋變化，袋布可使用橫布紋製作。因應人體的曲面弧度，口袋為非對稱形的四邊，使穿著時能呈現視覺上的方正；袋布的脇邊長與底邊長要比中心長與袋口長多0.5cm～1cm。

4. 整件衣服胸圍鬆份16cm、胸寬鬆份6cm、背寬鬆份12cm。

5. 以布寬三尺八寬、110cm計算用布量，半件衣服衣身寬50cm。

6. 所需用布長約衣長的1.5倍。衣長可自訂，袖長約22cm。

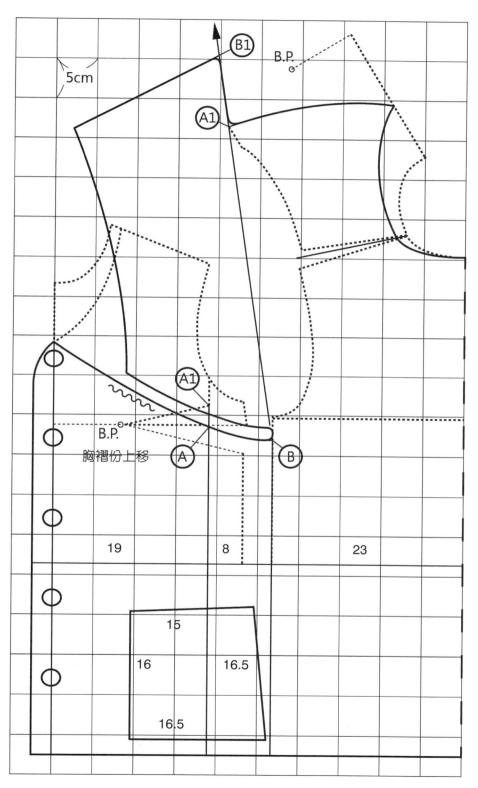

款式十四

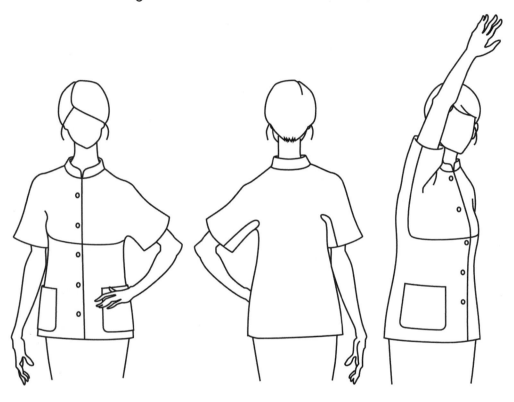

立領襯衫

款式說明

1. 領型變化設計，沿著頸部豎立的領子。領型的弧度與寬度配合頸型與設計決定。

2. 整件衣服胸圍鬆份16cm、胸寬鬆份6cm、背寬鬆份12cm。

3. 以原型的領圍線為標準線，前領與頸側可挖大少許，後領宜配合人體脖子的前傾稍微提高。

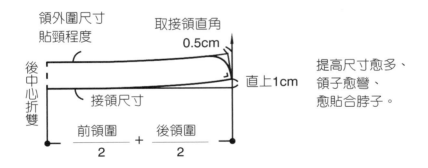

領外圍尺寸
貼頸程度

取接領直角
0.5cm

後中心折雙

接領尺寸

直上1cm

提高尺寸愈多、
領子愈彎、
愈貼合脖子。

$$\frac{前領圍}{2} + \frac{後領圍}{2}$$

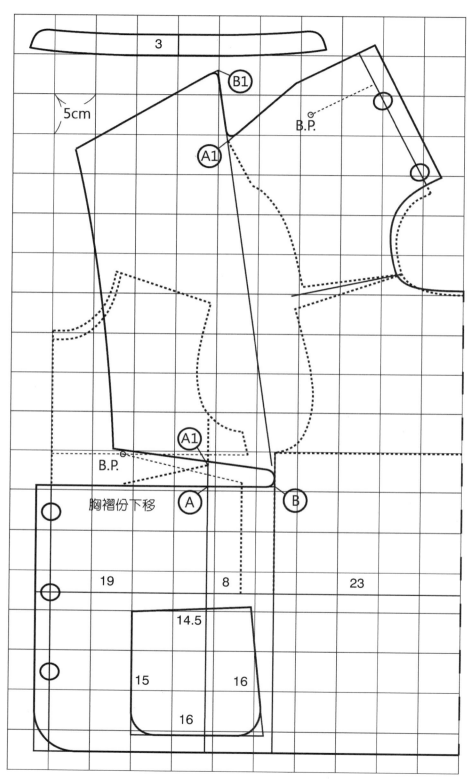

款式十五

平領罩衫

款式說明

1. 領型變化設計，沿著領圍平貼於肩部、領腰線極低的領子。

2. 平領的領腰高度是有限制的，合理的領腰高為0.3cm～1.2cm之間。沒有領腰的平領，接領線易顯露在外，後身領片不服貼；而領腰太高，會使領圍接領線弧度不順暢，這時應將領型改以翻領方式處理。

3. 領腰高度是由重疊衣身的肩膀分量，縮短領外圍尺寸來控制。

4. 整件衣服胸圍鬆份24cm、胸寬鬆份10cm、背寬鬆份14cm。

5. 以布寬三尺八寬、110cm計算用布量，半件衣服衣身寬54cm。

6. 所需用布長約衣長的1.6倍。

7. 衣長可自訂，袖長約22cm。

8. 前中心線下半部裁雙、前中心上半部做半門襟開口處理，後中心線直接車合。

製圖

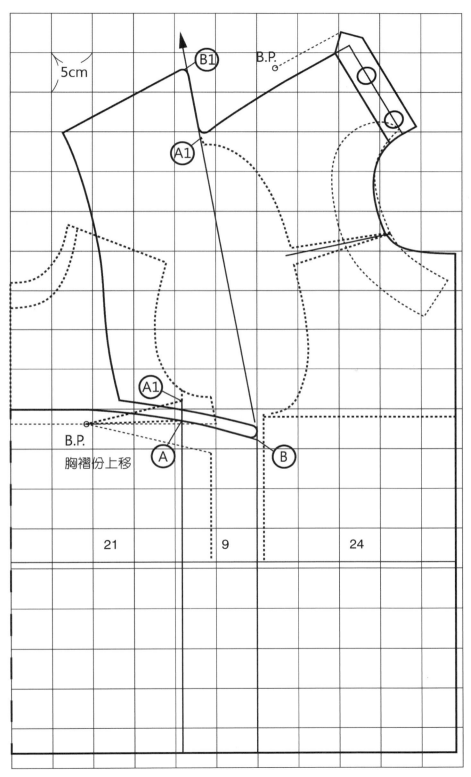

5cm

B1

B.P.

A1

A1

B.P.

胸褶份上移

A

B

21

9

24

⊙ 平領製圖

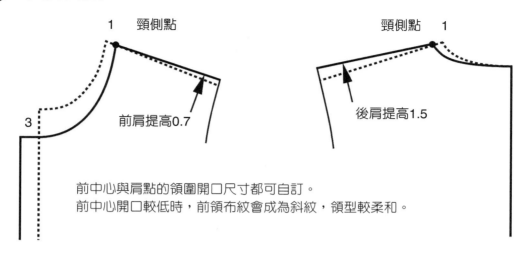

1　頸側點　　　　　　　　　　　頸側點　1

前肩提高0.7

後肩提高1.5

3

前中心與肩點的領圍開口尺寸都可自訂。
前中心開口較低時，前領布紋會成為斜紋，領型較柔和。

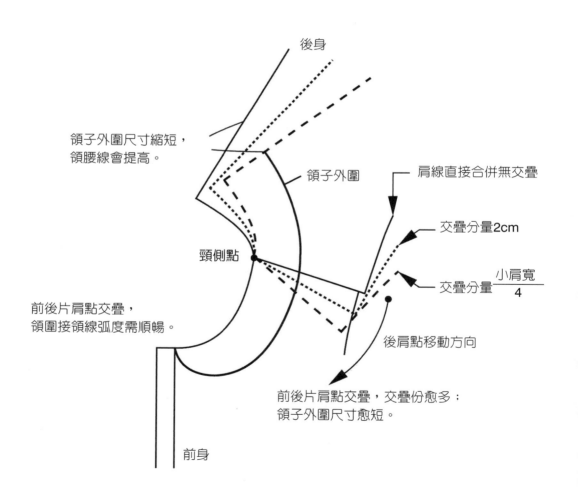

後身

領子外圍尺寸縮短，
領腰線會提高。

領子外圍

肩線直接合併無交疊

交疊分量2cm

頸側點

交疊分量 $\dfrac{小肩寬}{4}$

前後片肩點交疊，
領圍接領線弧度需順暢。

後肩點移動方向

前後片肩點交疊，交疊份愈多：
領子外圍尺寸愈短。

前身

前中心開口較低，領腰約1cm，
領子會和頸部稍微分離，
為領腰較高的平領型。

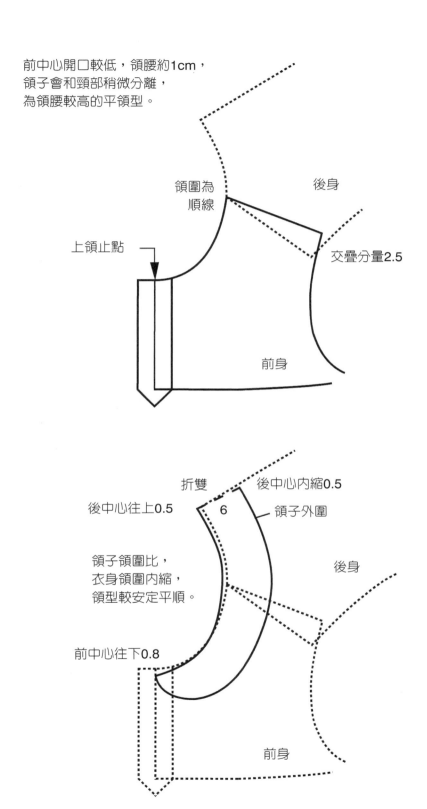

領圍為
順線

後身

上領止點

交疊分量2.5

前身

折雙

後中心內縮0.5

後中心往上0.5

6

領子外圍

領子領圍比，
衣身領圍內縮，
領型較安定平順。

後身

前中心往下0.8

前身

款式十六

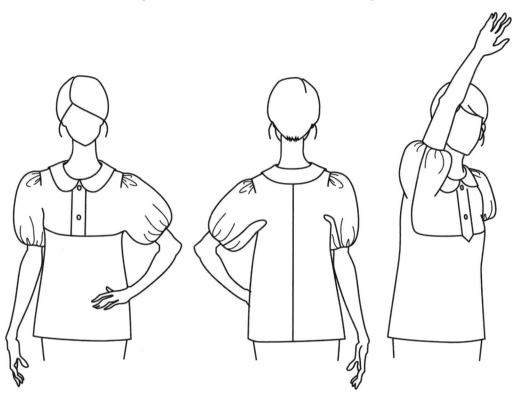

平領泡泡袖罩衫

款式說明

1. 袖型變化設計，加大袖寬尺寸，袖口與側領口都抽縫細褶呈現氣球狀泡泡袖的設計款式，適合以夏季穿著的布料製作。

2. 袖子的膨起分量是將原型的前後肩線拉開成為細褶量決定，拉開的分量愈大、袖子愈膨。膨起分量應配合布料與穿著者的體型增減。

3. 利用肩線剪開，在肩點處設計類似接袖線的剪接線。

4. 整件衣服胸圍鬆份24cm、胸寬鬆份10cm、背寬鬆份14cm。

5. 以布寬三尺八寬、110cm計算用布量，半件衣服衣身寬54cm。

6. 所需用布長約衣長的1.8倍。

7. 衣長可自訂，袖長約22cm。

8. 前中心線下半部裁雙、前中心上半部做半門襟開口處理，後中心線直接車合。

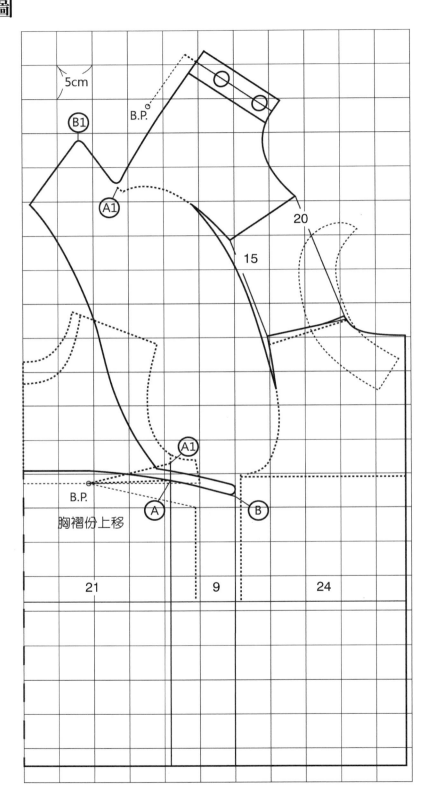

款式十七

水手領罩衫

款式說明

1. 領型變化設計，沿著領圍平貼於肩部的領子，屬於平領的一種。

2. 水手領若搭配領結，領結從領子下方打結，領圍需有足夠的浮起分量。

3. 領圍開低時，胸前可連接一片胸襠布。

4. 肩褶線依肩形弧度，會產生前後尺寸上的差異。可在前肩線燙拔、後肩線燙縮。

5. 整件衣服胸圍鬆份240cm、胸寬鬆份10cm、背寬鬆份14cm。

6. 以布寬三尺八寬、110cm計算用布量，半件衣服衣身寬54cm。

7. 所需用布長約衣長的1.5倍，再加上領子長度。

8. 衣長可自訂，袖長約20cm。

9. 前中心線下半部裁雙、前中心上半部做開口處理，後中心線直接車合。

製圖要點→肩褶前移

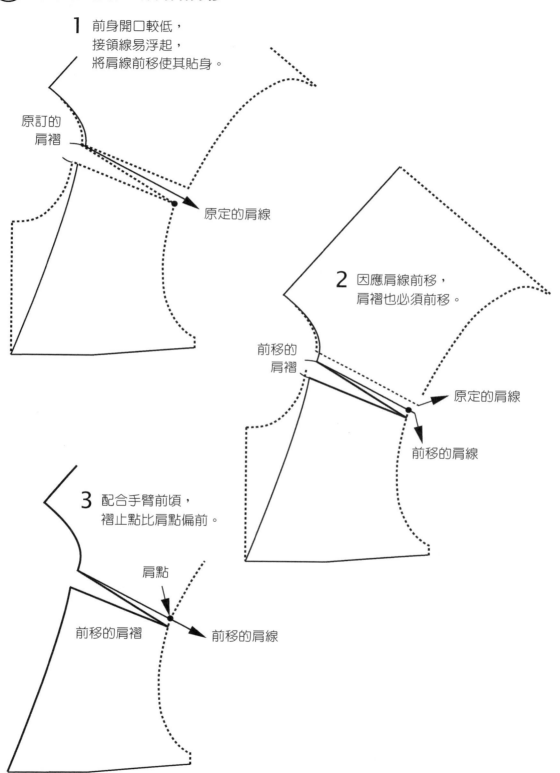

1 前身開口較低，
接領線易浮起，
將肩線前移使其貼身。

原訂的
肩褶

原定的肩線

2 因應肩線前移，
肩褶也必須前移。

前移的
肩褶

原定的肩線

前移的肩線

3 配合手臂前傾，
褶止點比肩點偏前。

肩點

前移的肩褶

前移的肩線

製圖

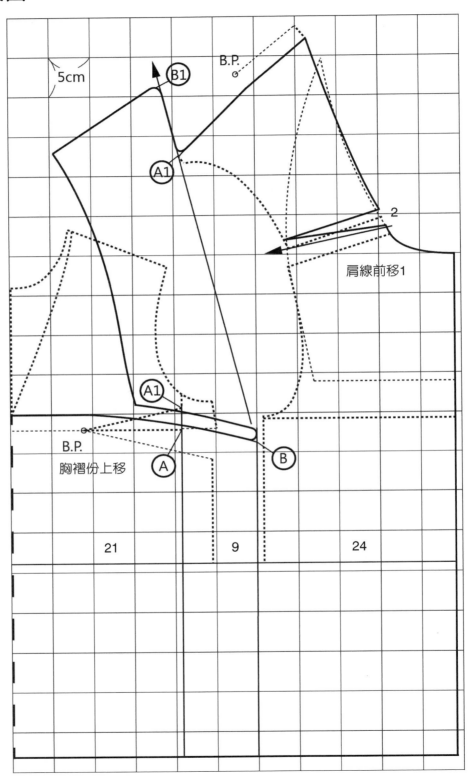

5cm

B1

B.P.

A1

2

肩線前移1

A1

B.P.

胸褶份上移

A

B

21

9

24

⊙ 水手領製圖

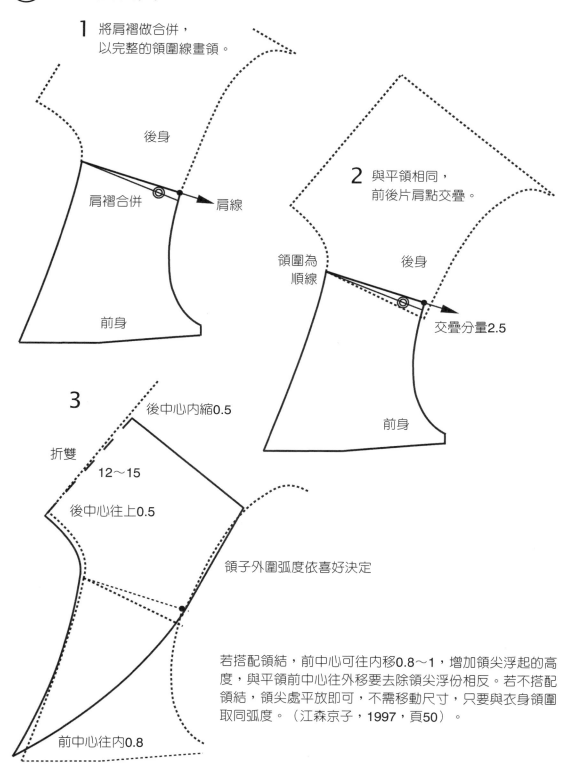

1 將肩褶做合併，
以完整的領圍線畫領。

後身

肩褶合併

肩線

前身

2 與平領相同，
前後片肩點交疊。

領圍為
順線

後身

交疊分量2.5

前身

3

後中心內縮0.5

折雙

12～15

後中心往上0.5

領子外圍弧度依喜好決定

前中心往內0.8

若搭配領結，前中心可往內移0.8～1，增加領尖浮起的高
度，與平領前中心往外移要去除領尖浮份相反。若不搭配
領結，領尖處平放即可，不需移動尺寸，只要與衣身領圍
取同弧度。（江森京子，1997，頁50）。

款式十八

翻領罩衫

款式說明

1. 領型變化設計，後頸有領腰高度，領腰高沿著領折線到前頸向外翻折消失。

2. 翻領會隨著接領尺寸、領寬、領子外圍尺寸的關係不同，形成不同的領腰高度。

3. 整件衣服胸圍鬆份24cm、胸寬鬆份10cm、背寬鬆份14cm。

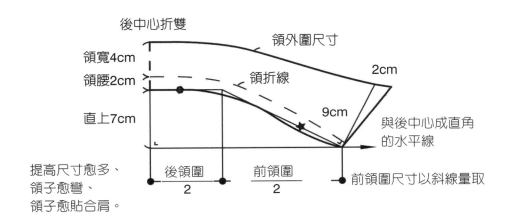

後中心折雙

領外圍尺寸

領寬4cm
領腰2cm
領折線
2cm

直上7cm
9cm

與後中心成直角的水平線

提高尺寸愈多、
領子愈彎、
領子愈貼合肩。

後領圍 / 2
前領圍 / 2
前領圍尺寸以斜線量取

製圖

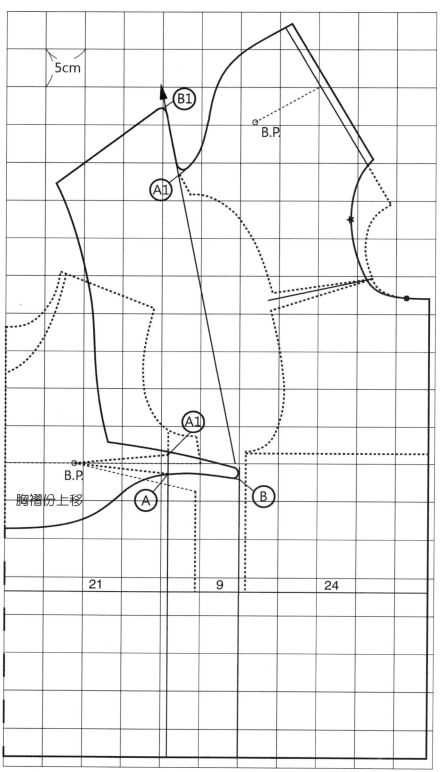

5cm

B1

B.P.

A1

A1

B.P.

胸褶份上移

A

B

21

9

24

款式十九

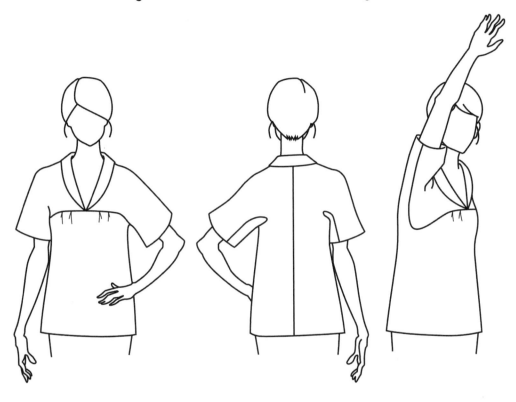

絲瓜領罩衫

款式說明

1. 領型變化設計，後頸有領腰高度，領腰高沿著領折線到前頸向外翻折消失。

2. 在前身下半部胸線處加上活褶或抽縫細褶，適合類似絲質的柔軟布料。

3. 整件衣服胸圍鬆份24cm、胸寬鬆份6cm、背寬鬆份12cm。

4. 以布寬三尺八寬、110cm計算用布量，半件衣服衣身寬54cm。

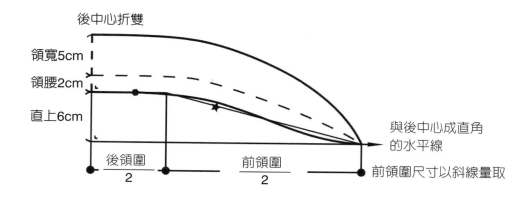

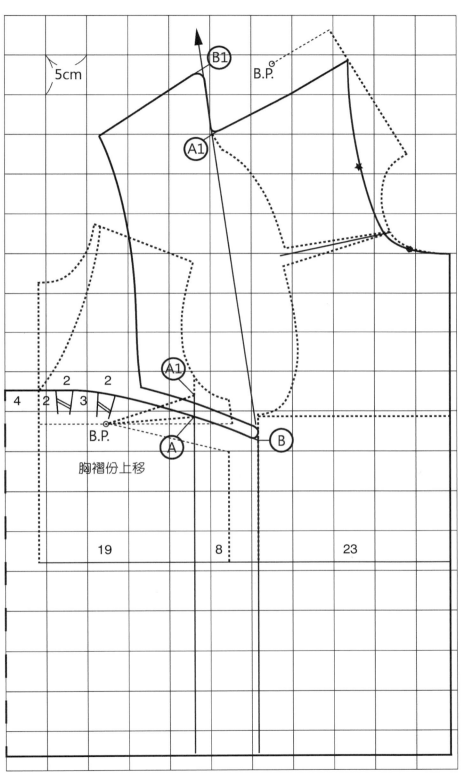

款式二十

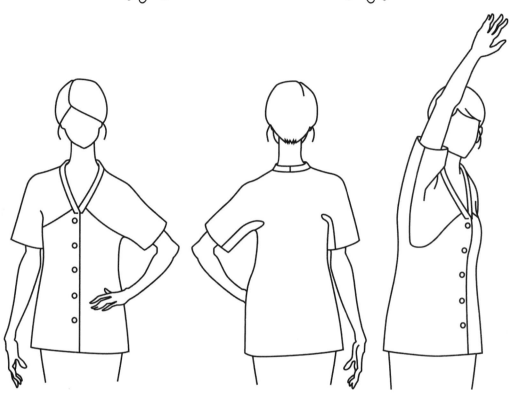

連裁立領襯衫

款式說明

1. 領子直接由前中心延伸，連續裁剪類似立領的領型變化設計。為使領片服貼於前胸，在領線起點處取一個小褶子。

2. 因為利用接縫線處理胸褶分量的關係，前身剪接線的上下接縫線弧度不同，會有尺寸的差異，製作時可燙縮或縮縫處理。

3. 整件衣服胸圍鬆份16cm、胸寬鬆份6cm、背寬鬆份12cm。

4. 以布寬三尺八寬、110cm計算用布量，半件衣服衣身寬50cm。

5. 所需用布長約衣長的1.5倍。

6. 衣長可自訂，袖長約22cm。

7. 後中心線裁雙，前中心做開口處理，直接留出貼邊分量反折車縫。

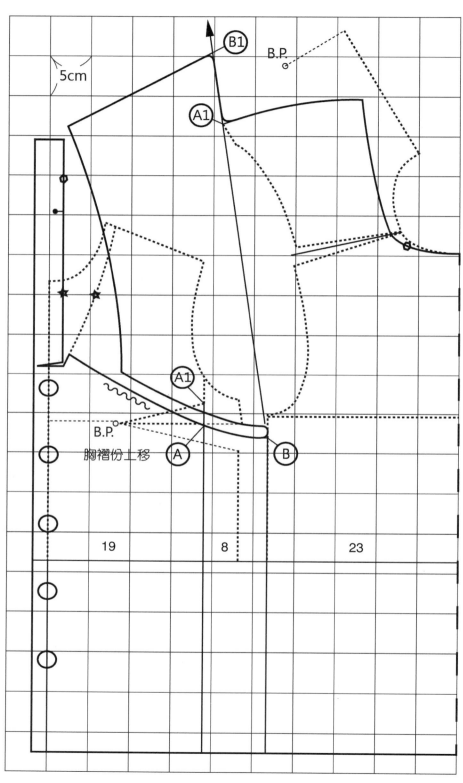

款式二一

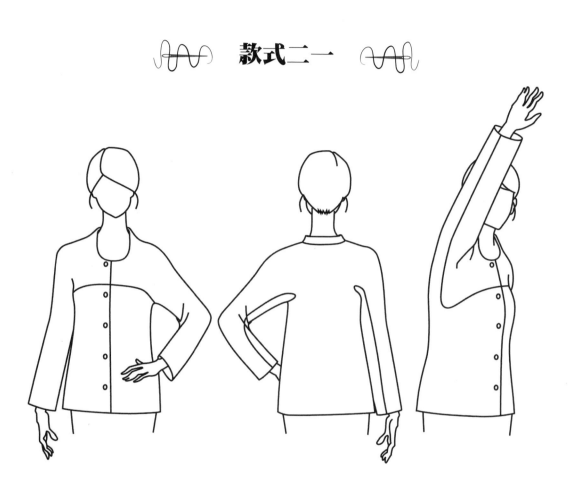

高領襯衫

款式說明

1. 領型變化設計，前領圍沿著肩線直接外加側領腰高，後領依立領的製圖要點加領片做出後領腰高度，為前領高領、後領立領的組合型態。

2. 整件衣服胸圍鬆份16cm、胸寬鬆份6cm、背寬鬆份12cm。

3. 以布寬五尺寬、150cm計算用布量，半件衣服衣身寬50cm。

4. 所需用布長約衣長的1.5倍。

5. 衣長可自訂，袖長約52cm。

6. 前中心做開口處理，後中心線裁雙。

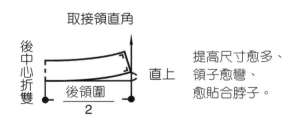

製圖

1. 可利用胸前剪接線製作胸口袋。
2. 袖下長利用後袖吃針縮縫或燙拔縮使前後等長。

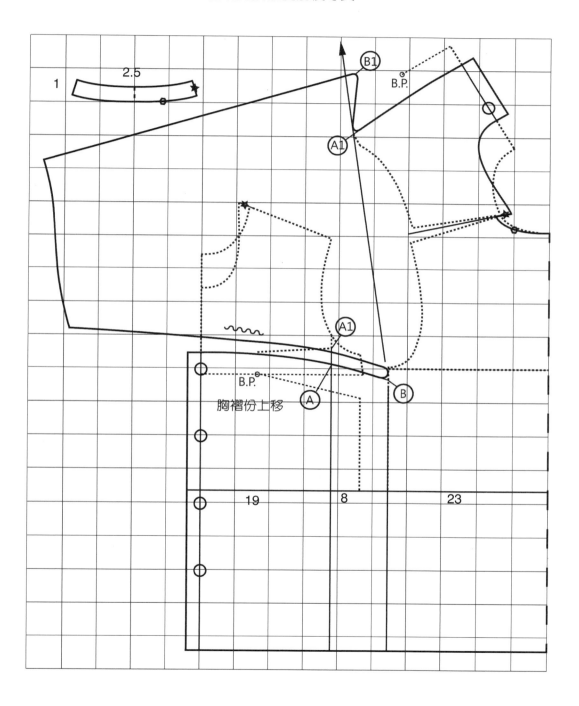

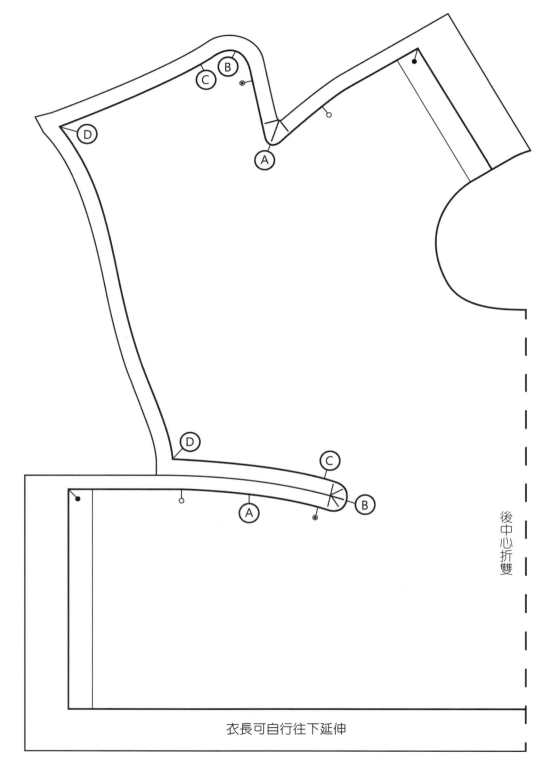

習作紙型　款式一基本型短袖

衣長可自行往下延伸

後中心折雙

6

合身裁剪款式設計

款式二二

基本合身型

款式說明

1. 為胸圍合身的基本型，胸圍取原型的基本寬鬆份垂直而下，不做任何腰褶，衣服輪廓會呈現如同原型般的箱型。

2. 腰圍可利用綁帶設計或取褶份將鬆份縮少，做出合身的效果。

3. 可加長下半身長度成為連身洋裝的款式。

4. 整件衣服胸圍鬆份12cm、胸寬鬆份6cm、背寬鬆份8cm。

5. 所需用布長為衣長加袖長。

6. 以布寬三尺八寬、110cm計算用布量，半件衣服衣身寬48cm。

7. 前中心線裁雙，後中心做開口處理。

製圖→綁帶收腰

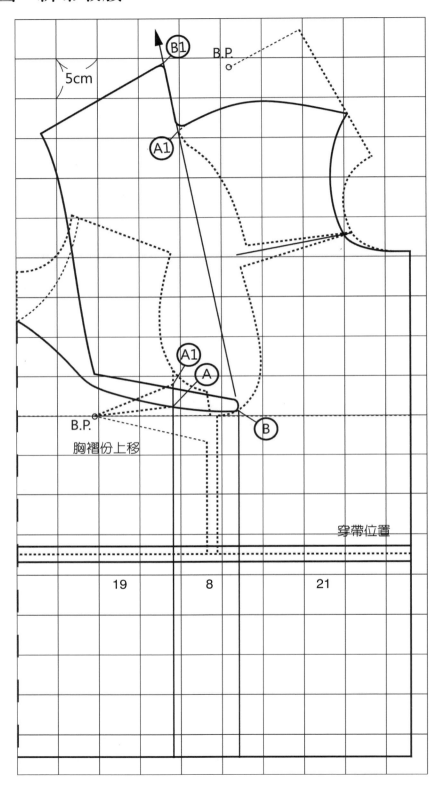

5cm

B1

B.P.

A1

A1

A

B

B.P.

胸褶份上移

穿帶位置

19　　　8　　　21

製圖→打褶收腰

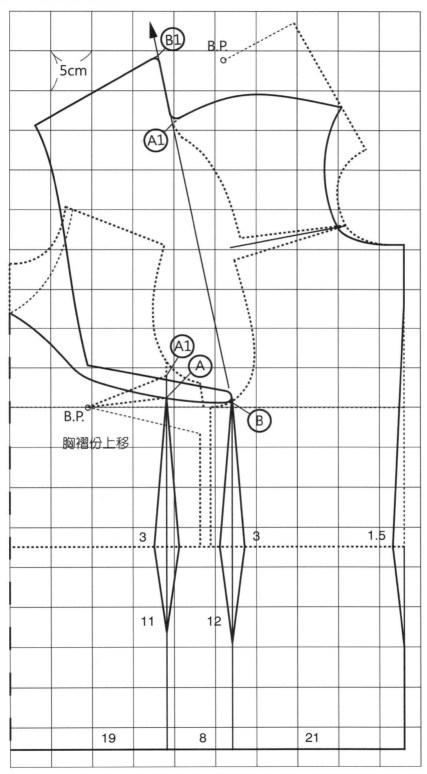

款式二三

假兩件式合身洋裝

款式說明

1. 為胸圍合身的基本型洋裝，腰圍取褶份做出合身。

2. 前身上半部內層為V領背心，外層似鑲邊短外套。

3. 利用前身上半部的雙層設計，胸褶份變成前身重疊份。

4. 整件衣服胸圍鬆份12cm、胸寬鬆份6cm、背寬鬆份8cm。

5. 以布寬三尺八寬、110cm計算用布量，半件衣服衣身寬48cm。

6. 所需用布長為衣長加短外套長。

7. 裙長50cm、衣長總長約為90cm、袖長15cm。

8. 前中心線下半部裁雙、前中心上半部做外套鑲邊開口處理，後中心線作拉鍊開口處理。

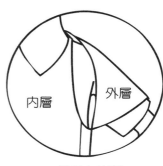

內層　外層

前身上半部

製圖

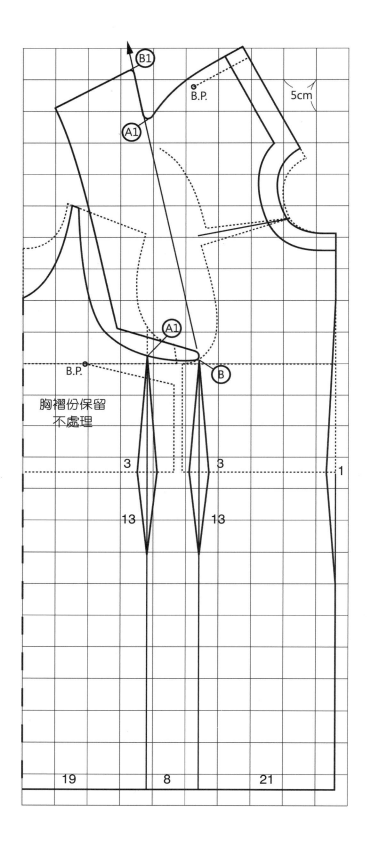

B1

B.P.

5cm

A1

A1

B.P.

B

胸褶份保留
不處理

3   3   1

13   13

19   8   21

款式二四

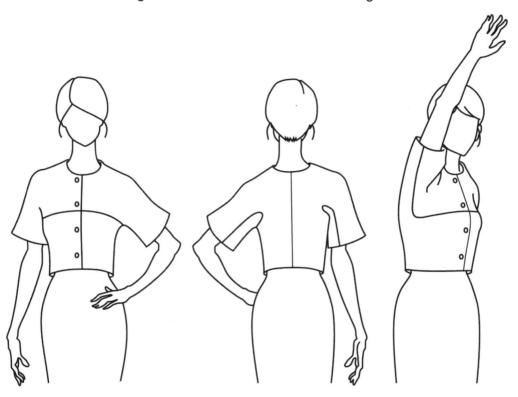

基本合腰型

款式說明

1. 為胸圍與腰圍皆合身的最基本型,可作為合腰款式的基本原型。

2. 胸褶份利用剪接線處理,腰圍取基本鬆份、褶份全部合併,整件衣服呈現合身無褶線的設計。因腰圍為軀體最小圍度,衣長只能及腰,最長不得超過腰下5cm。衣長超過腰下太多,會因身體圍度變大、襬圍尺寸不足造成牽扯。

3. 衣長只及腰圍,下半身可加縫裙型成為洋裝款式。

4. 整件衣服胸圍鬆份12cm、腰圍鬆份 6cm、胸寬鬆份6cm、背寬鬆份8cm。

5. 以布寬三尺八寬、110cm計算用布量,半件衣服衣身寬48cm。

6. 所需用布長約二尺半。

7. 前中心做開口處理,後中心線裁雙。

8. 領圍可依領型決定開口尺寸。此處採用原型領圍,不做變化設計。

腰褶製圖要點

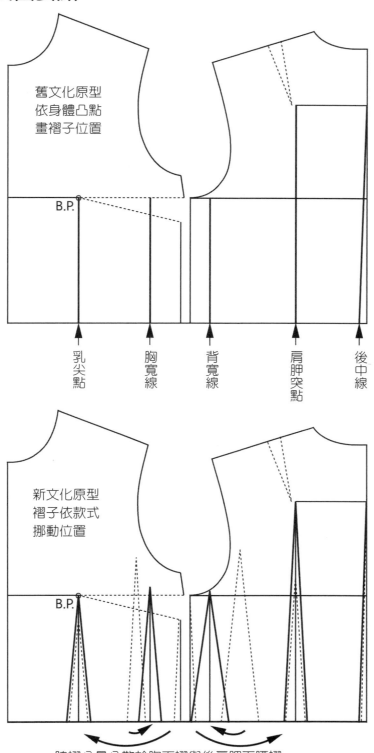

舊文化原型
依身體凸點
畫褶子位置

B.P.

乳尖點　胸寬線　背寬線　肩胛突點　後中線

新文化原型
褶子依款式
挪動位置

B.P.

脇褶分量分散於胸下褶與後肩胛下腰褶

1. 使用舊文化原型，依身體凸點畫出褶子位置；使用新文化原型，將原型褶移位。

2. 要做直身，後中心線可採直線、裁片取雙；若依身體曲線合身製作，後中心線則要採曲線、裁片分裁成兩片。

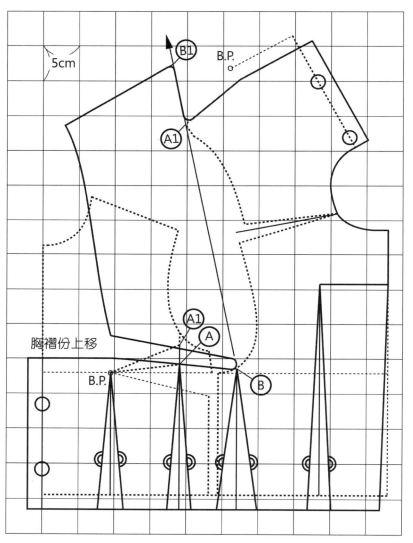

半件衣身：胸圍48 $= \dfrac{B}{2} + 6$；腰圍35 $= \dfrac{W}{2} + 3$。

前身寬19 $= \dfrac{胸寬}{2} + 3$；側身寬8cm；後身寬21 $= \dfrac{背寬}{2} + 4$。

裁剪

1. 胸下腰褶份合併，**B.P.**以上要做剪開，將褶份轉移至上方。
2. 肩胛下後腰褶份合併，褶尖止點與後中心線的垂直線要做剪開，將褶份轉移至後中心線，可增加動作時背部所需的鬆份量。

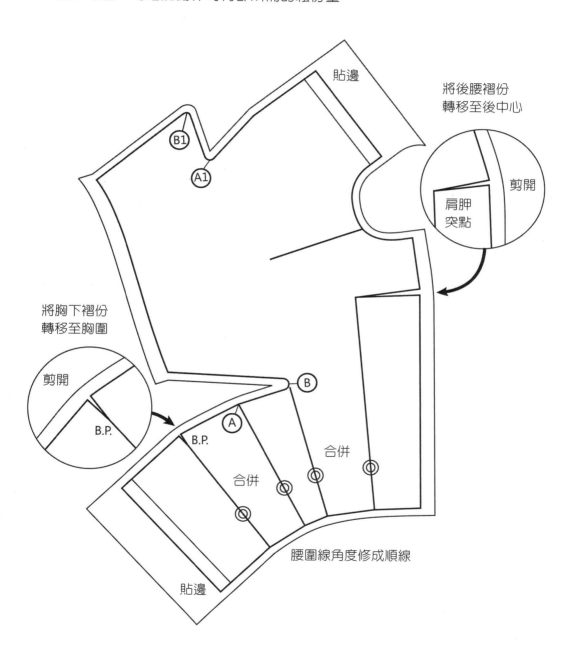

將後腰褶份
轉移至後中心

剪開

肩胛
突點

貼邊

B1

A1

將胸下褶份
轉移至胸圍

剪開

B.P.

B

A

B.P.

合併

合併

腰圍線角度修成順線

貼邊

款式二五

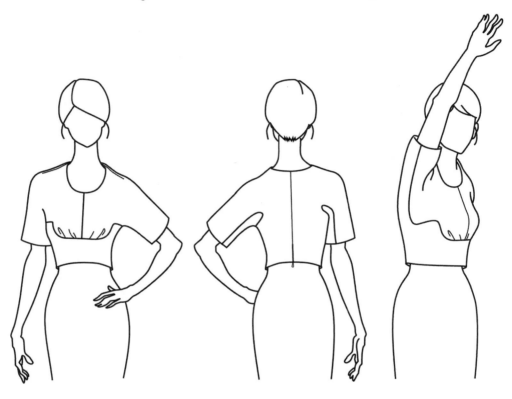

前胸抽縐及腰針織短衫

款式說明

1. 為腰部合身、胸前抽縫細褶與有肩褶的設計款式,適合以夏季穿著的針織料製作。

2. 採用套穿的方式,領圍尺寸要大於頭圍。腰部開口尺寸要大於大肩寬,可在後中心衣襬處車縫隱形拉鍊,增加腰部開口尺寸。

3. 因為針織料有彈性,整件衣服胸圍鬆份2cm、腰圍鬆份 4cm、胸寬鬆份1cm、背寬鬆份5cm,半件衣服衣身寬43cm。

4. 所需用布長約三尺長。

5. 衣長及腰,因腰圍為軀體最小圍度,衣長不得超過腰下5cm;袖長約17cm。

6. 前中心線下半部裁雙,前中心線上半部與後中心線各自直接車合。

7. 後中心衣襬處車縫11吋隱形拉鍊。

新文化原型腰褶合併製圖要點

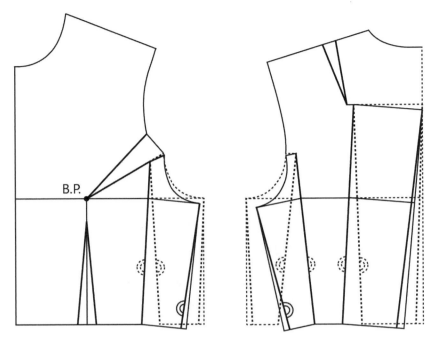

B.P.

除了胸下褶，其他腰褶都做褶份合併轉移。

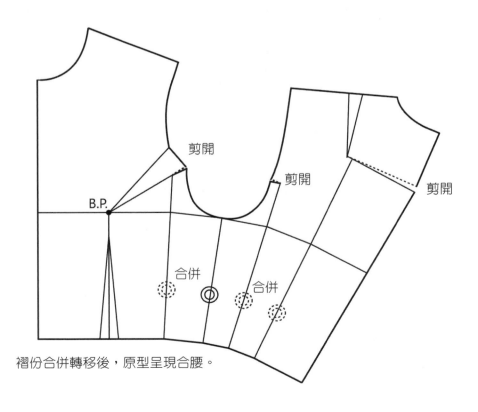

剪開

剪開

剪開

B.P.

合併

合併

褶份合併轉移後，原型呈現合腰。

新文化原型胸圍鬆份併合製圖要點

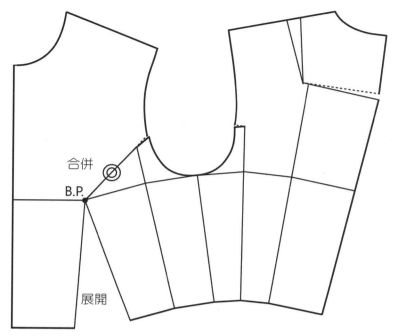

合併

B.P.

展開

胸褶合併轉移成為胸下腰褶份。

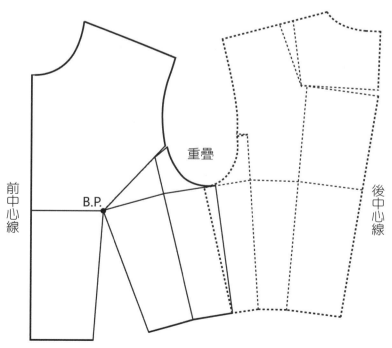

前中心線

B.P.

重疊

後中心線

前中心線至後中心線的距離為半件衣身寬，
多餘鬆份在脇邊線重疊併合扣除。

製圖→使用新文化原型

1. 使用新文化原型，先將原型所有褶份做合併轉移處理。
2. 原型肩線直接合併，使肩褶保留為鬆份。

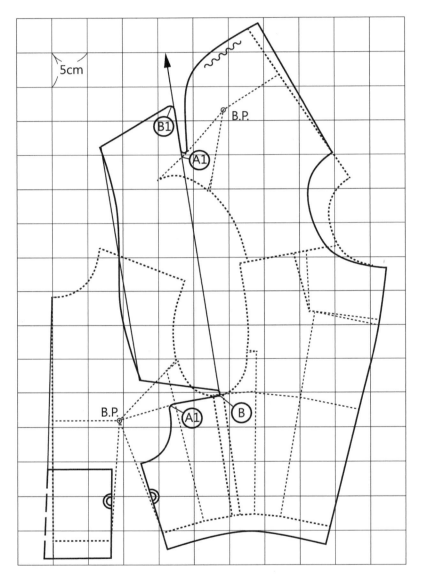

半件衣身：胸圍43 $= \dfrac{B}{2} + 1$；腰圍34 $= \dfrac{W}{2} + 2$。

前身寬16.5 $= \dfrac{胸寬}{2} + 0.5$；側身寬7.5cm；後身寬19.5 $= \dfrac{背寬}{2} + 2.5$。

舊文化原型鬆份併合製圖要點

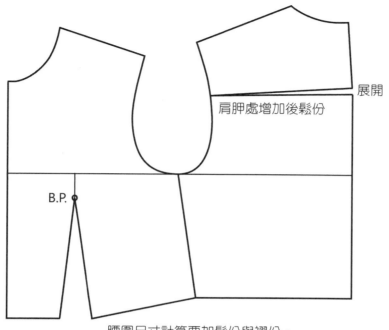

展開

肩胛處增加後鬆份

B.P.

腰圍尺寸計算要加鬆份與褶份。

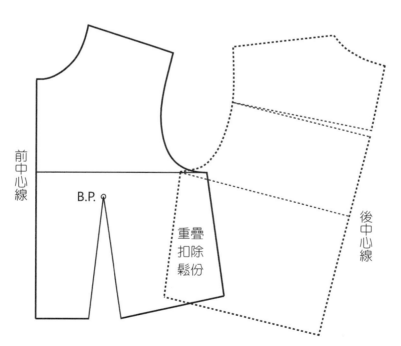

前中心線

B.P.

重疊扣除鬆份

後中心線

前中心線至後中心線的距離為半件衣身寬，
多餘鬆份在脇邊線重疊併合扣除。

製圖→使用舊文化原型

1. 使用舊文化原型，先將原型脇邊重疊併合、扣除多餘鬆份。
2. 原型後肩線要提高，增加肩部的活動量。肩線打褶可使袖寬尺寸變小。

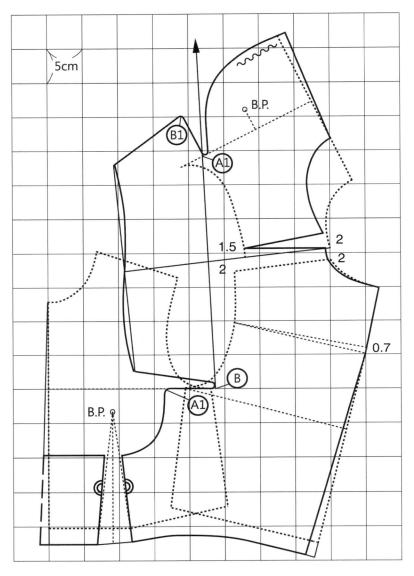

半件衣身：胸圍43 = $\dfrac{B}{2}$ + 1；腰圍38 = $\dfrac{W}{2}$ + 2 + 4（褶份）。

前身寬16.5 = $\dfrac{胸寬}{2}$ + 0.5；側身寬7.5cm；後身寬19.5 = $\dfrac{背寬}{2}$ + 2.5。

裁剪

1. 胸下腰褶份直接合併，可選擇前中心線上半部、前中心線下半部或後中心線裁雙。此處以前中心線下半部取雙裁剪為例。

2. 縫份剪口處，可先粗裁，車縫製作時再剪開對合記號A1點與B點。確實標示對合點，防止車縫時拉伸變形。

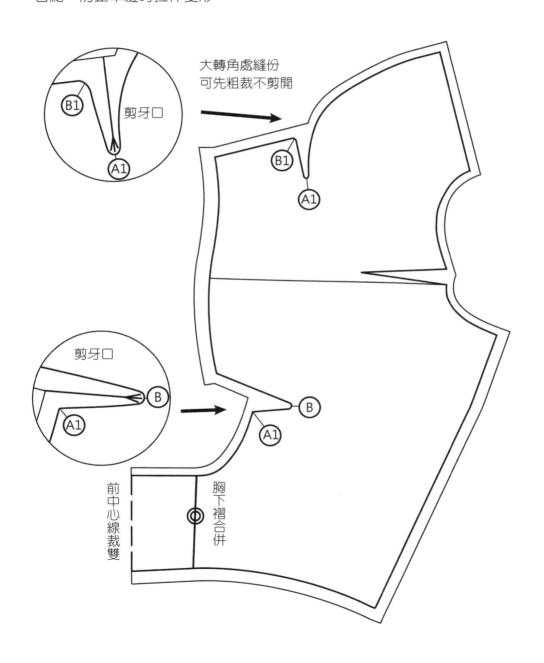

 **製作步驟**

1. 肩褶車縫，褶份倒向前身。

2. 車合前中心線。

3. 抽縐前中胸褶。

4. 車合衣服接縫線：A1點記號、B與B1點記號都須分別對合。

5. 車合後中心線，下方車縫隱形拉鍊，拉鍊尾朝上、開口向下。

6. 處理領口。

7. 處理袖口。

8. 處理衣襬。

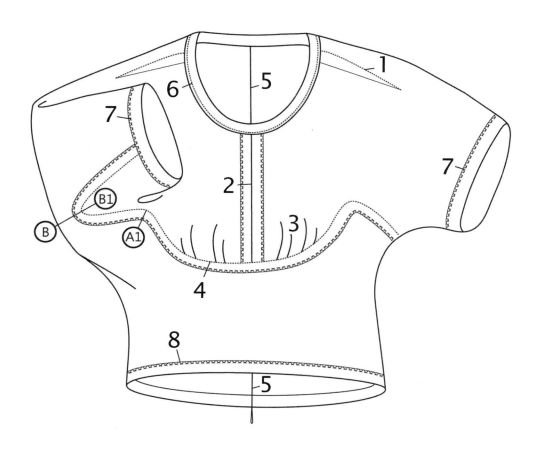

款式二六

胸罩剪接線及腰針織短衫

款式說明

1. 款式二五前胸抽縐及腰針織短衫的相似款，胸前採胸罩式剪接線的設計，適合以夏季穿著的針織料製作。

2. 採用套穿的方式，領圍尺寸要大於頭圍。腰部開口尺寸要大於大肩寬，可在後中心衣襬處車縫隱形拉鍊，增加腰部開口尺寸。

3. 因為針織料有彈性，整件衣服胸圍鬆份2cm、腰圍鬆份 4cm、胸寬鬆份3cm、背寬鬆份5cm，半件衣服衣身寬43cm。

4. 所需用布長約二尺半長。

5. 衣長及腰，因腰圍為軀體最小圍度，衣長不得超過腰下5cm；袖長約17cm。

6. 前中心線下半部裁雙，前中心線上半部與後中心線各自直接車合。

7. 後中心衣襬處車縫11吋隱形拉鍊。

1. 使用舊文化原型，將原型脇邊重疊併合、扣除多餘鬆份；參閱款式二五、頁167。

2. 原型後肩線要提高，增加肩部的活動量。肩線打褶可使袖寬尺寸變小。

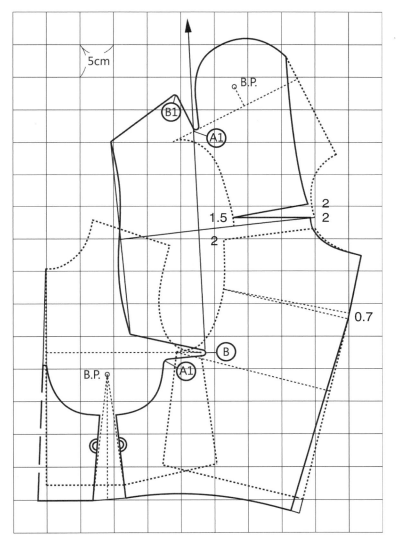

半件衣身：胸圍43 $= \dfrac{B}{2} + 1$；腰圍34 $= \dfrac{W}{2} + 2$。

前身寬17.5 $= \dfrac{胸寬}{2} + 1.5$；側身寬6.5cm；後身寬19.5 $= \dfrac{背寬}{2} + 2.5$。

款式二七

立領中腰短衫

款式說明

1. 衣長至中腰的立領、五分袖短衫，領子直接由前中心延伸並車合一個大活褶增加前胸的立體感。

2. 衣襬襬圍尺寸要大於中腰圍，所以腰部鬆份不宜太少。

3. 整件衣服胸圍鬆份12cm、腰圍鬆份16cm、胸寬鬆份6cm、背寬鬆份8cm。

4. 以布寬三尺八寬、110cm計算用布量，半件衣服衣身寬48cm。

5. 所需用布長約衣長的1.5倍。

6. 衣長為腰下8cm、總長約50cm，袖長約25cm。

7. 前中心做開口處理，後中心線裁雙。

8. 布幅寬度大於三尺八寬時，領子可採用連續裁剪的方式，由前襟直接留出領片分量。裁片連續裁剪可節省車工，並避免縫份造成的厚度。

製圖

　　使用舊文化原型，先將原型脇邊在胸圍展開、追加所需鬆份；腰圍重疊併合、扣除多餘鬆份；參閱款式二五、頁167。

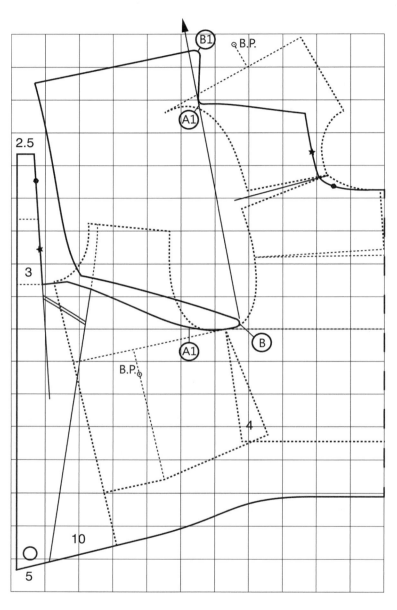

前身寬19 = $\dfrac{胸寬}{2}$ + 3；側身寬8cm；後身寬21 = $\dfrac{背寬}{2}$ + 4。

款式二八

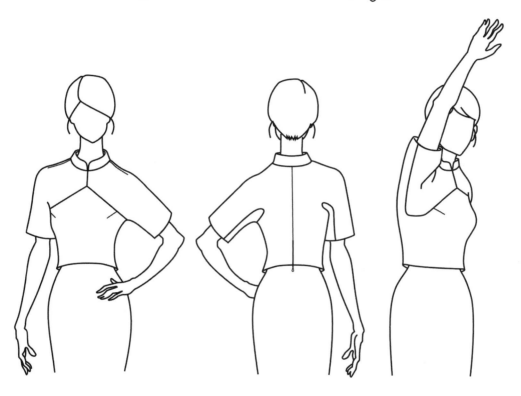

立領及腰短衫

款式說明

1. 為合身及腰的中式短衫，胸前採對襟剪接線的設計，適合以夏季穿著的布料製作。

2. 採用套穿的方式，領圍與開襟尺寸要大於頭圍。腰部開口尺寸要大於大肩寬，可在後中心衣襬處車縫隱形拉鍊，增加腰部開口尺寸。

3. 整件衣服胸圍鬆份12cm、腰圍鬆份6cm、胸寬鬆份6cm、背寬鬆份8cm，半件衣服衣身寬48cm。

4. 所需用布長約二尺半。

5. 衣長及腰，因腰圍為軀體最小圍度，衣長不得超過腰下5cm；袖長約17cm。

6. 前中心線下半部裁雙、前中心上半部做開襟處理，後中心線直接車合。

7. 後中心衣襬處車縫11吋隱形拉鍊。

新文化原型褶份轉移製圖要點

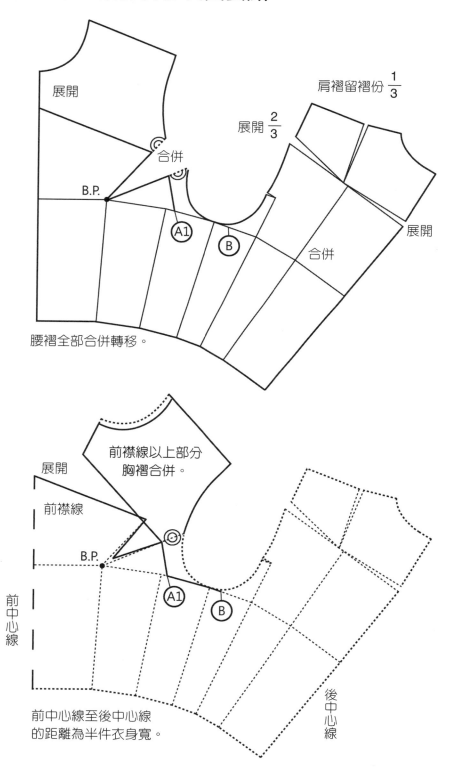

展開

肩褶留褶份 $\frac{1}{3}$

展開 $\frac{2}{3}$

合併

B.P.

(A1)

(B)

展開

合併

腰褶全部合併轉移。

前襟線以上部分
胸褶合併。

展開

前襟線

B.P.

(A1)

(B)

前中心線

後中心線

前中心線至後中心線
的距離為半件衣身寬。

製圖要點

　　使用新文化原型，將原型所有腰褶份做合併轉移處理，參閱款式二五、頁164；因為胸下腰褶的合併轉移，胸褶份會變大。前襟的設計線高於胸部，無法利用剪接線處理胸褶份；胸褶份直接在袖襱處車褶處理，褶止點應與B.P.有距離，才能做出自然的弧面。

　　原型後肩褶採用分散為鬆份的作法，部分留在小肩、部分轉移到袖襱。衣服的肩線褶尺寸可依體型、布寬、袖寬與袖口寬決定，利用肩點為基準點轉動前襟線以上的前身部分，參閱款式六、頁97。

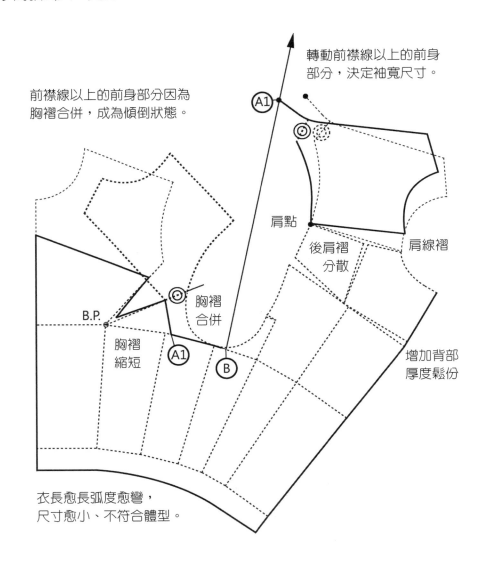

轉動前襟線以上的前身
部分，決定袖寬尺寸。

前襟線以上的前身部分因為
胸褶合併，成為傾倒狀態。

肩點

後肩褶
分散

肩線褶

B.P.

胸褶
合併

胸褶
縮短

增加背部
厚度鬆份

衣長愈長弧度愈彎，
尺寸愈小、不符合體型。

製圖

1. 使用新文化原型，先將原型所有褶份做合併轉移處理。

2. 原型後肩線要提高，增加肩的運動量。

3. 肩線打褶可使袖寬尺寸變小。

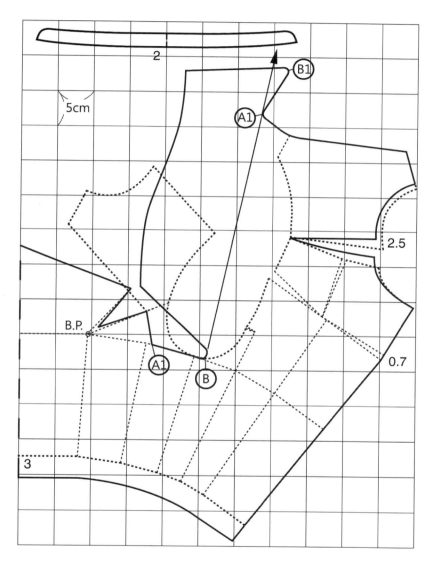

半件衣身：胸圍48 $= \dfrac{B}{2} + 6$；腰圍35 $= \dfrac{W}{2} + 3$。

前身寬19 $= \dfrac{胸寬}{2} + 3$；側身寬8cm；後身寬21 $= \dfrac{背寬}{2} + 4$。

CHAPTER 6　合身裁剪款式設計　181

款式二九

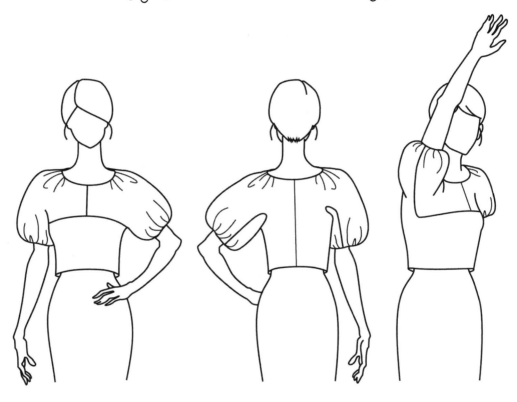

泡泡袖及腰短衫

款式說明

1. 袖型變化設計，加大袖寬尺寸，袖口與側領口都抽縫細褶呈現氣球狀泡泡袖的設計款式，適合以夏季穿著的布料製作。

2. 採用套穿的方式，領圍尺寸要大於頭圍。腰部開口尺寸要大於大肩寬，可在後中心衣襬處車縫隱形拉鍊，增加腰部開口尺寸。

3. 整件衣服胸圍鬆份12cm、腰圍鬆份6cm、胸寬鬆份6cm、背寬鬆份8cm，半件衣服衣身寬48cm。

4. 所需用布長約三尺長。

5. 衣長及腰，可連接裙子製作成為洋裝。

6. 前中心線下半部裁雙，前中心線上半部與後中心線各自直接車合。

製圖

1. 使用新文化原型,將原型所有褶份做合併轉移處理;參閱款式二五、頁164。
2. 原型前後肩線要拉開細褶的分量,分量愈大、袖子愈膨。

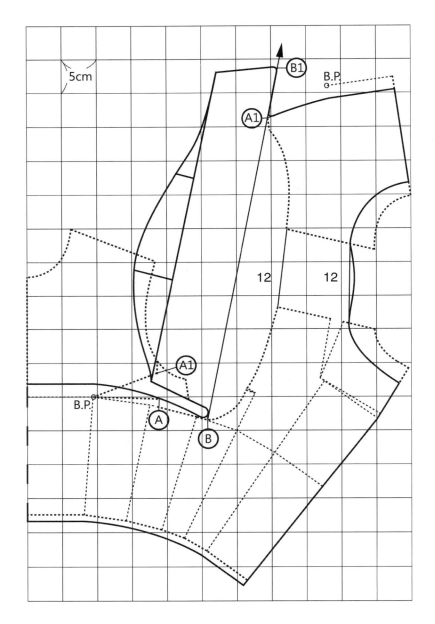

$$前身寬19 = \frac{胸寬}{2} + 3;側身寬8cm;後身寬21 = \frac{背寬}{2} + 4。$$

款式三十

削肩袖襱剪接筒狀T恤

款式說明

1. 使用筒狀針織布製作的合身型，衣服的脇邊線與前後中心線都不需剪接，製作上可以節省工時。因為身體沒有接縫線，也提高了穿著者的舒適感。

2. 剪接線提高至肩，採類似削肩的袖襱線條變化設計。因剪接線提高，胸褶不做處理，直接留為衣服的鬆份。

3. 採用套穿的方式，領圍尺寸須能拉大於頭圍。

4. 筒狀針織布幅寬約為42cm～57cm，可視體型、胸圍鬆份、布料彈性與衣服的整體感選擇所需的布幅寬度。

5. 以幅寬45cm、整圈尺寸90cm計算：整件衣服胸圍鬆份6cm、胸寬鬆份3cm、背寬鬆份5cm。

6. 衣長可自訂，袖長依布幅寬決定。

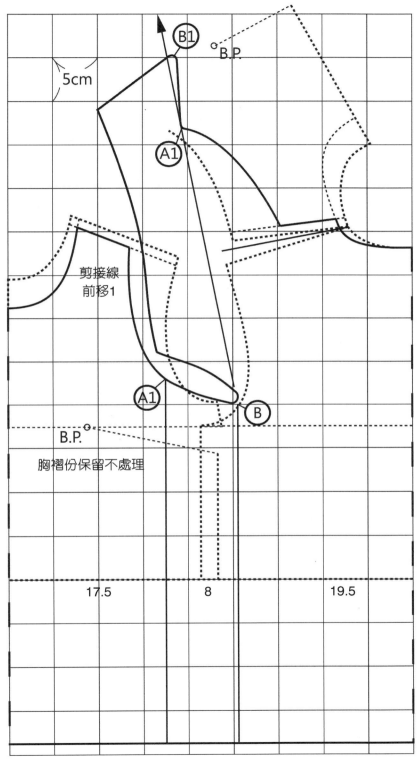

款式三一

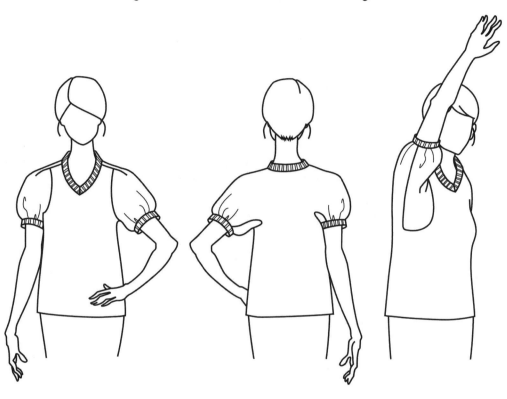

袖襱剪接肩褶筒狀T恤

款式說明

1. 使用筒狀針織布製作的合身型，衣服的脇邊線與前後中心線都不需剪接，製作上可以節省工時。因為身體沒有接縫線，提高了穿著者的舒適感。

2. 剪接線提高至肩，採類似削肩的袖襱線條，並在肩線加一大活褶的變化設計。因剪接線提高，胸褶不做處理，直接留為衣服的鬆份。

3. 採用套穿的方式，領圍尺寸須能拉大於頭圍。

4. 筒狀針織布幅寬約為42cm～57cm，可視體型、胸圍鬆份、布料彈性與衣服的整體感選擇所需的布幅寬度。

5. 以幅寬45cm、整圈尺寸90cm計算：整件衣服胸圍鬆份6cm、胸寬鬆份3cm、背寬鬆份5cm。

6. 衣長可自訂，袖長依布幅寬決定。

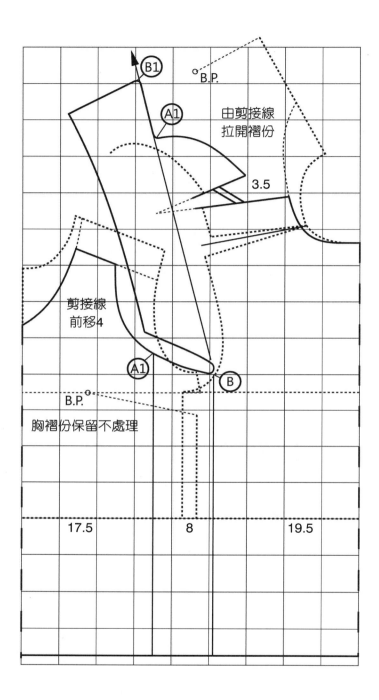

由剪接線
拉開褶份

3.5

剪接線
前移4

胸褶份保留不處理

B.P.

| 17.5 | 8 | 19.5 |

款式三二

拉克蘭剪接筒狀T恤

款式說明

1. 使用筒狀針織布製作的合身型，衣服的脇邊線與前後中心線都不需剪接，製作上可以節省工時。因為身體沒有接縫線，也提高了穿著者的舒適感。

2. 剪接線採直線設計，因位置提高，胸褶不做處理，直接留為衣服的鬆份。

3. 採用套穿的方式，領圍尺寸須能拉大於頭圍。

4. 筒狀針織布幅寬約為42cm～57cm，可視體型、胸圍鬆份、布料彈性與衣服的整體感選擇所需的布幅寬度。

5. 以幅寬45cm、整圈尺寸90cm計算：整件衣服胸圍鬆份6cm、胸寬鬆份3cm、背寬鬆份5cm。

6. 衣長可自訂，袖長依布幅寬決定。

⬤ 製圖要點→袖子傾斜角度

1 以手插腰的姿勢，上臂方向與衣身的角度約45°。
角度小、袖子的傾斜度弱，是比較好穿的袖型。

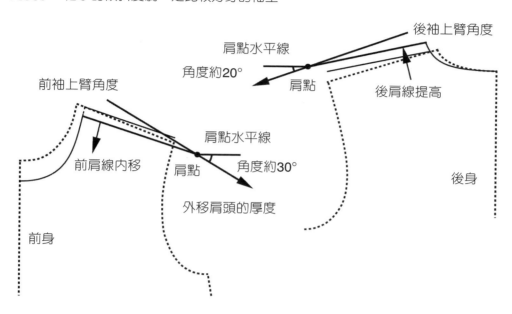

後袖上臂角度
肩點水平線
角度約20°
肩點
後肩線提高
後身
前袖上臂角度
肩點水平線
前肩線內移
肩點
角度約30°
外移肩頭的厚度
前身

2 肩部褶的分量約為前側二、後側一的比例，
前多後少會產生背部的鬆份與手臂的前傾性。

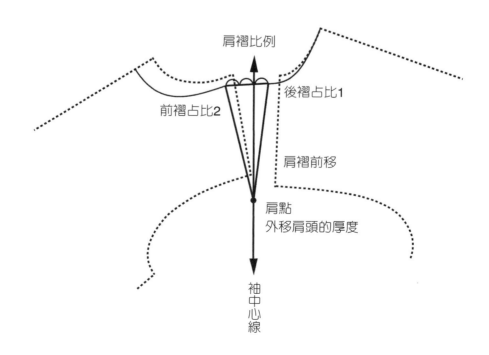

肩褶比例
後褶占比1
前褶占比2
肩褶前移
肩點
外移肩頭的厚度
袖中心線

⊙ 肩褶製圖

1 肩線依原型肩斜度延長，
留出肩頭厚度的分量。

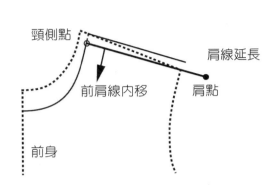

頸側點
肩線延長
前肩線內移
肩點
前身

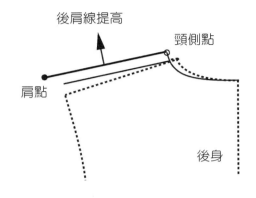

後肩線提高
頸側點
肩點
後身

2 前後肩線合併，肩點為肩褶止點。頸側點需轉動打開肩褶的分量，
參閱款式六、頁97。

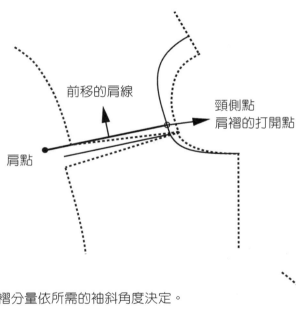

前移的肩線
頸側點
肩褶的打開點
肩點

3 肩褶分量依所需的袖斜角度決定。
褶份大，袖山高：
褶份小，袖山低

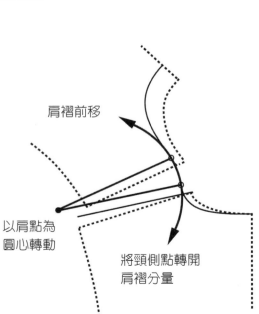

肩褶前移
以肩點為
圓心轉動
將頸側點轉開
肩褶分量

⊙ 製圖

1. 領口羅紋尺寸，長度約45cm、寬度5cm，裁剪一片；
2. 袖口羅紋尺寸，長度約30cm、寬度5cm，裁剪二片。

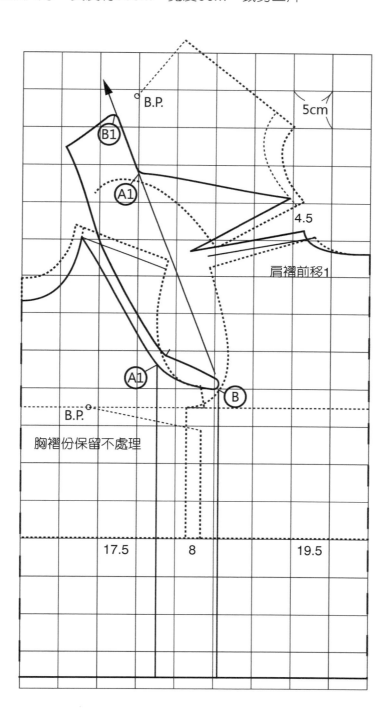

B.P.

5cm

B1

A1

4.5

肩褶前移1

A1

B

B.P.

胸褶份保留不處理

| 17.5 | 8 | 19.5 |

款式三三

義大利領筒狀T恤

款式說明

1. 使用筒狀針織布製作的合身型，衣服的脅邊線與前後中心線都不需剪接，製作上可以節省工時。因為身體沒有接縫線，也提高了穿著者的舒適感。

2. 在V形領口上方銜接一片翻領，接領尺寸較短，是運動衫常用的領型。

3. 採用套穿的方式，領圍尺寸須能拉大於頭圍。因剪接線提高，胸褶直接留為鬆份。

4. 筒狀針織布幅寬約為42cm～57cm，可視體型、胸圍鬆份、布料彈性與衣服的整體感選擇所需的布幅寬度。

5. 以幅寬45cm、整圈尺寸90cm計算：整件衣服胸圍鬆份6cm、胸寬鬆份3cm、背寬鬆份5cm。

6. 衣長可自訂，袖長依布幅寬決定。

製圖

1. 肩線延長、繪製肩褶分量，參閱款式三二、頁194。
2. 為節省用布，領片與身片直接連續裁剪，後領片只做出領腰高。

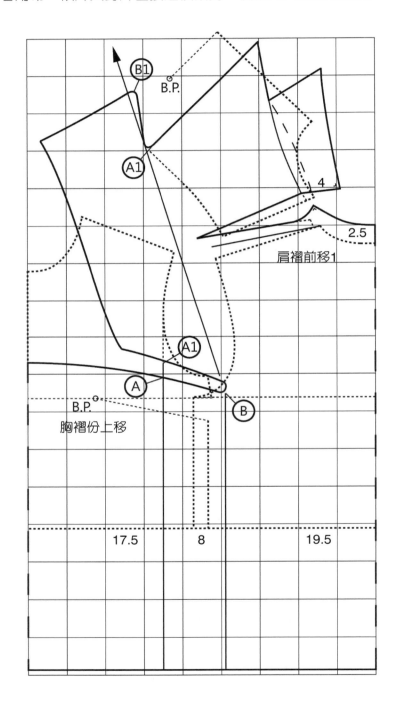

習作紙型　款式二五前胸抽縐及腰針織短衫

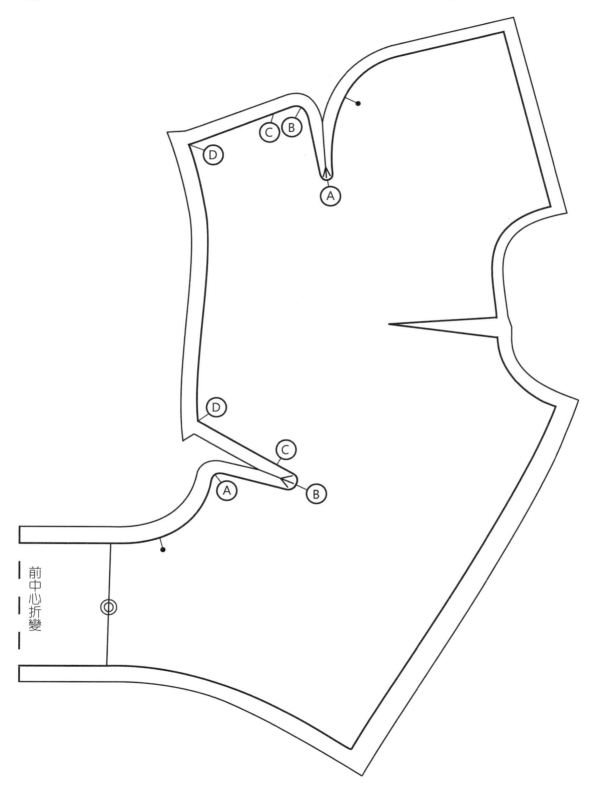

前中心折邊

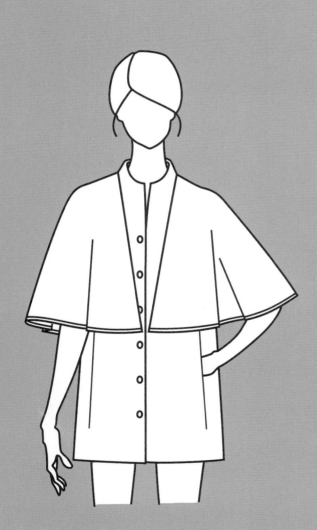

7

外套裁剪款式設計

款式三四

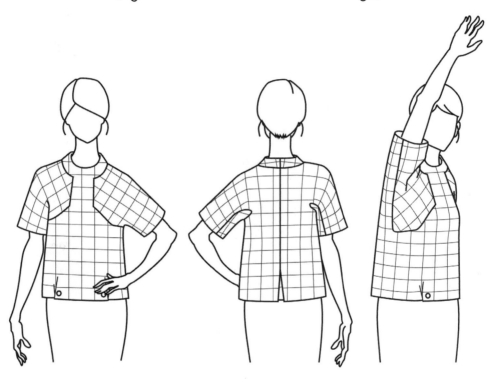

冬外罩短衫

款式說明

1. 冬季穿著的保暖衣，可穿在襯衫與毛衣之外，適合毛料或厚棉布。

2. 採用套穿的方式由後方開口，利用後中心製作的大活褶增加開口的尺寸。

3. 因為穿著如同背心的感覺，採用短版製作。但是衣身採用的鬆份較大，穿著時衣襬會比較寬，可以在衣襬處加四合釦或繫帶的設計。

4. 整件衣服胸圍鬆份26cm、胸寬鬆份13cm、背寬鬆份13cm。

5. 以布寬五尺寬製作、150cm計算用布量，半件衣服衣身寬55cm。

6. 衣長為腰下15cm、總長約50cm，袖長約20cm。

7. 領圍用貼邊車縫處理。

裁剪要點→連續裁剪領圍

1 將肩頭的鬆份加大並加入內層衣服的厚度分量。

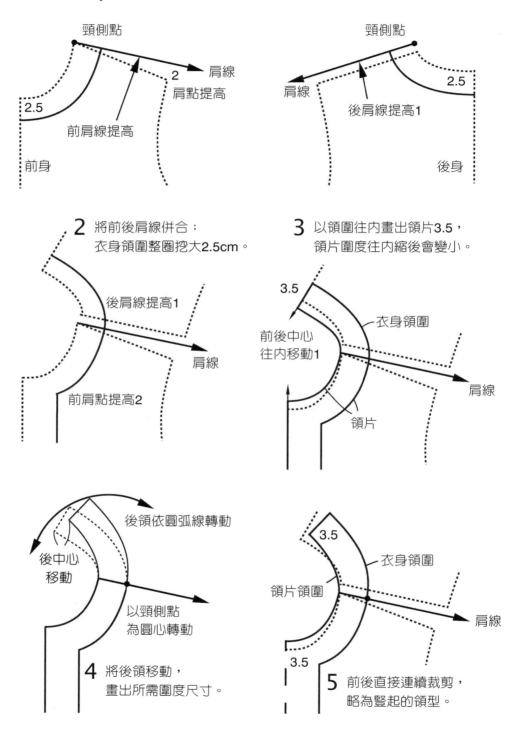

2 將前後肩線併合；
衣身領圍整圈挖大2.5cm。

3 以領圍往內畫出領片3.5，
領片圍度往內縮後會變小。

4 將後領移動，
畫出所需圍度尺寸。

5 前後直接連續裁剪，
略為豎起的領型。

製圖→無脇褶款式

1. 領口設計成為略為豎起的領型，採用由前至後直接連續裁剪的方式。先將衣身領圍挖大，再加出領片的寬度。前後中心線略為提高、領圍尺寸會改變，後領片可用弧線轉動的方式調整至適當的尺寸。

2. 後中心加了很大的活褶分量，此分量可依布寬的寬度調整，也可變設計直接製作開叉。

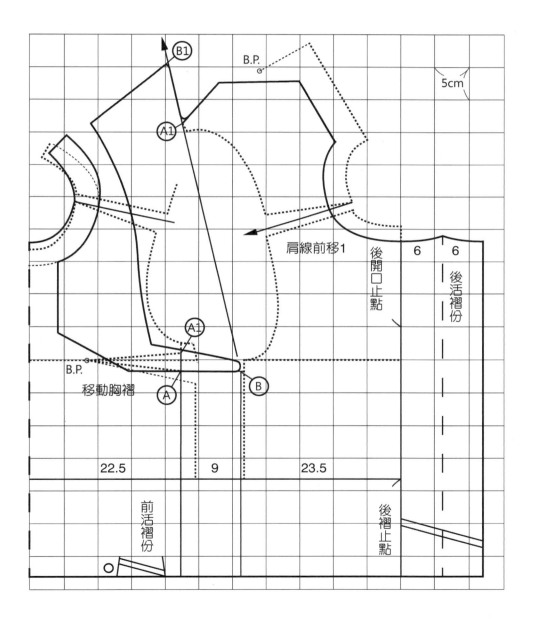

製圖→有脇褶款式

1. 半身衣身寬60cm；側身寬度有14cm，在脇邊做一大脇褶，可消除胸圍處多餘的分量。

2. 側身寬度加大，就有多餘的空間可以拉長袖長度。

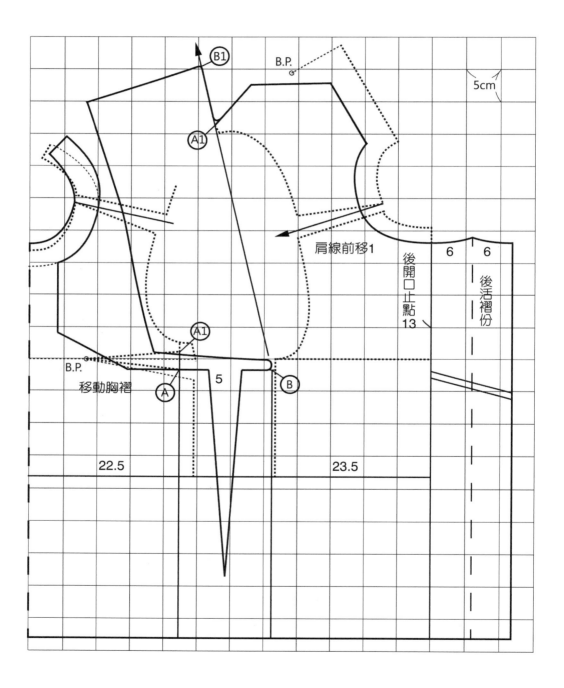

裁剪

1. 將脅褶長拉至衣襬，裁片可分為前後身兩片，呈現A Line輪廓線。
2. 領片貼邊裁雙裁剪一片，燙貼增強襯。如圖節省用布，利用空隙裁剪，則加縫份後再車合。

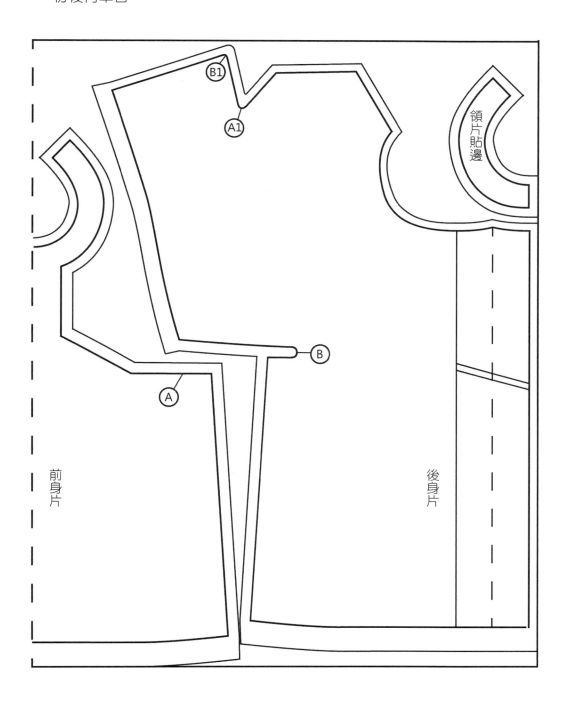

款式三五

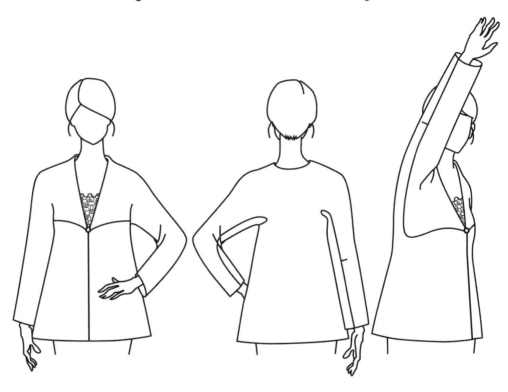

A襬長袖薄外套

款式說明

1. 衣長蓋過臀圍的長版薄外套，可使用絲、棉或薄毛料。

2. 前領開口較低，可露出內搭衣；利用外露的設計，內搭衣可運用蕾絲等材質。

3. 前身下半部呈現A Line輪廓線，可以使用紙型展開的方法，或直接將衣襬以斜裙的方法製圖。

4. 整件衣服胸圍鬆份26cm、胸寬鬆份13cm、背寬鬆份13cm。

5. 以布寬五尺寬製作、150cm計算用布量，半件衣服衣身寬55cm。

6. 衣長為腰下27cm、總長約65cm，袖長約50cm。

7. 前中心做開口處理，後中心線裁雙。

8. 領圍用貼邊車縫處理，可做鑲嵌配色出芽細邊。

製圖→紙型展開方式

依基本型製圖，裙襬呈現直線。在接近前衣身寬線處，取兩條切線由衣襬往上至胸前剪接線剪開，但不剪斷。兩條切線分別展開5cm與2.5cm，重新畫順襬圍。

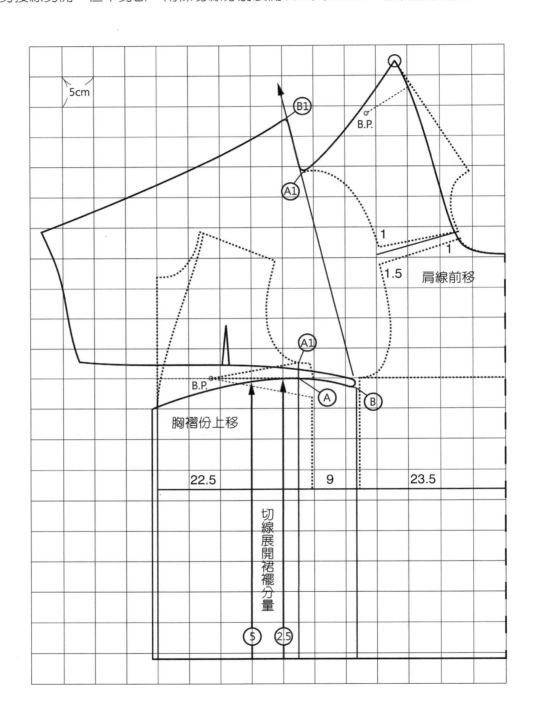

裁剪

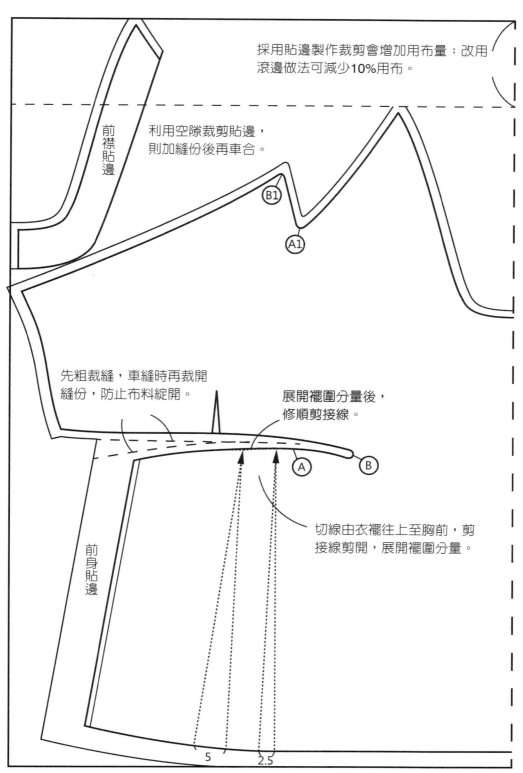

採用貼邊製作裁剪會增加用布量；改用
滾邊做法可減少10%用布。

前襟貼邊

利用空隙裁剪貼邊，
則加縫份後再車合。

B1

A1

先粗裁縫，車縫時再裁開
縫份，防止布料綻開。

展開襬圍分量後，
修順剪接線。

A B

前身貼邊

切線由衣襬往上至胸前，剪
接線剪開，展開襬圍分量。

5   2.5

製圖→A襬製圖方式

前身下半部呈現A Line輪廓線，直接以斜裙的方式製圖。將前中心取裙襬的斜度，並將前身下接縫線往上提高、長度不變。

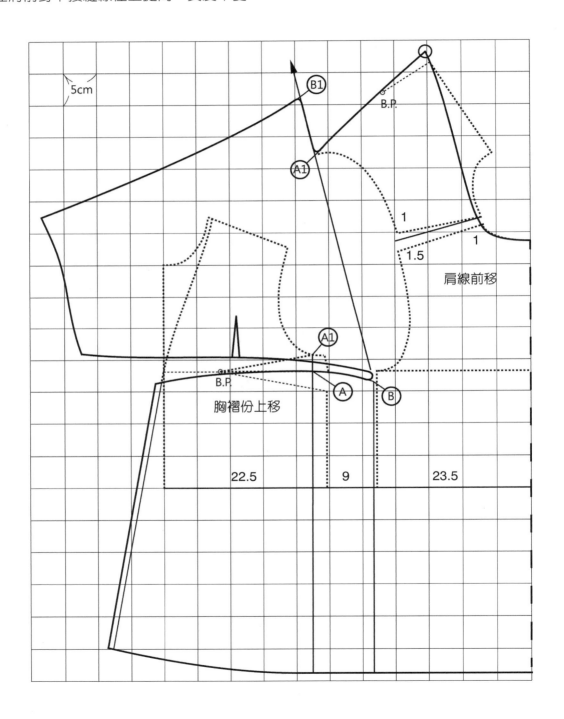

款式三六

A襬假兩件式薄外套

款式說明

1. 衣長蓋過臀圍的長版薄外套，可使用棉料做成春裝。

2. 前身上半部裁片，由肩線做紙型的切展、衣襬呈現波浪的效果，長度略加長蓋過胸剪接線，形成類似小外套的視覺。內層接縫背心式的裡衣，並車縫領子，與外層接合於肩線。

3. 從胸剪接線以下呈現高腰、A Line輪廓線。

4. 胸剪接線較低，相對袖寬尺寸也較大；袖口寬取小、做出蝴蝶袖的造型。

5. 整件衣服胸圍鬆份26cm、胸寬鬆份13cm、背寬鬆份13cm。

6. 以布寬五尺寬製作、150cm計算用布量，半件衣服衣身寬55cm。

7. 衣長為腰下29cm、總長約70cm，袖長約52cm。

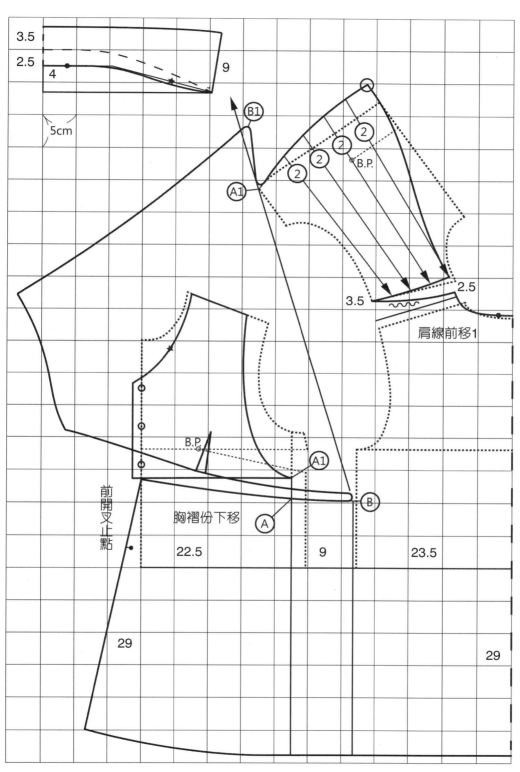

3.5
2.5
4
9
5cm

B1
A1
2
2
2
2
B.P.

3.5
2.5
肩線前移1

B.P.
A1
前開叉止點
胸褶份下移
A
B
22.5
9
23.5
29
29

裁剪

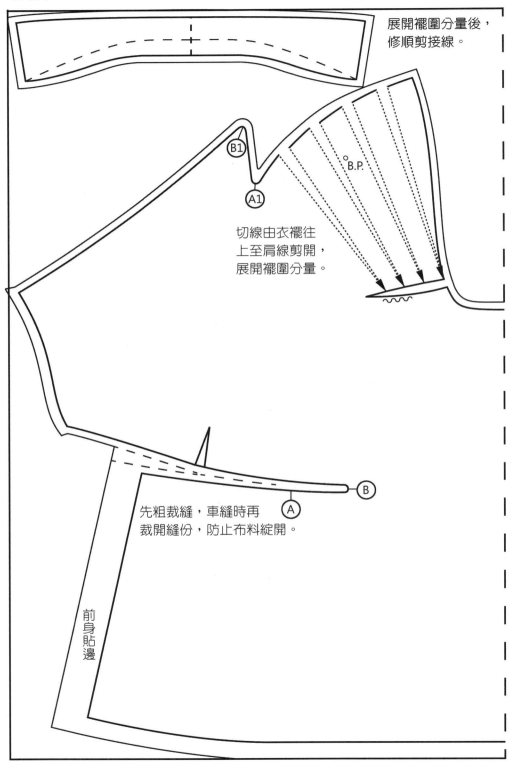

展開襬圍分量後，
修順剪接線。

B1

A1

B.P.

切線由衣襬往
上至肩線剪開，
展開襬圍分量。

B

A

先粗裁縫，車縫時再
裁開縫份，防止布料綻開。

前身貼邊

前身裁片

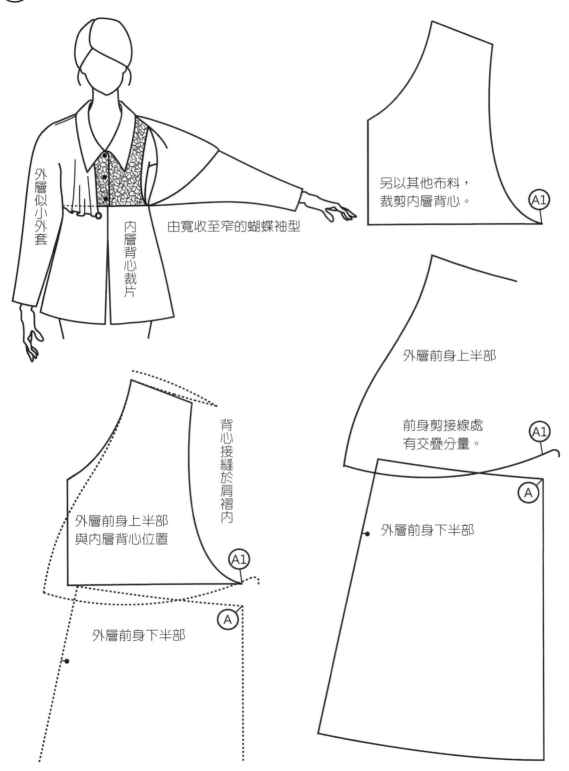

外層似小外套

內層背心裁片

由寬收至窄的蝴蝶袖型

另以其他布料，裁剪內層背心。 (A1)

外層前身上半部

前身剪接線處有交疊分量。 (A1)

(A) 外層前身下半部

背心接縫於肩褶內

外層前身上半部與內層背心位置 (A1)

(A) 外層前身下半部

款式三七

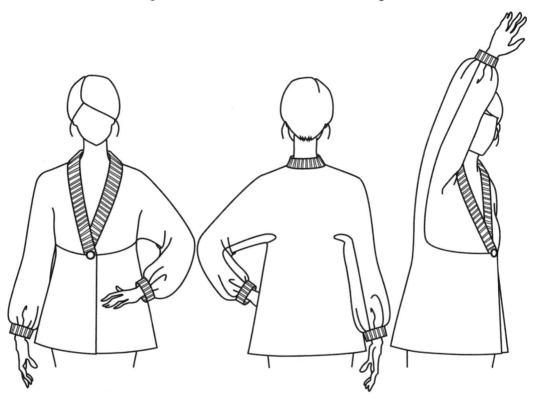

A 罷羅紋外套

款式說明

1. 衣長蓋過臀圍的長版厚外套，可使用燈芯絨、斜紋布或毛料。

2. 款式三五的相似款，領口與袖口搭配羅紋的設計。胸剪接線較低，相對袖寬與袖口寬尺寸也較大。

3. 前身下半部呈現 A Line輪廓線，直接以斜裙的方式製圖。

4. 整件衣服胸圍鬆份26cm、胸寬鬆份13cm、背寬鬆份13cm。

5. 以布寬五尺寬製作、150cm計算用布量，半件衣服衣身寬55cm。

6. 衣長為腰下28cm、總長約70cm，袖長約52cm。

7. 前中心做開口處理，後中心線裁雙。

8. 領圍與袖口使用羅紋車縫處理。

領口羅紋尺寸，長度約80cm、寬度13cm，裁剪一片；

袖口羅紋尺寸，長度約20cm、寬度13cm，裁剪二片。

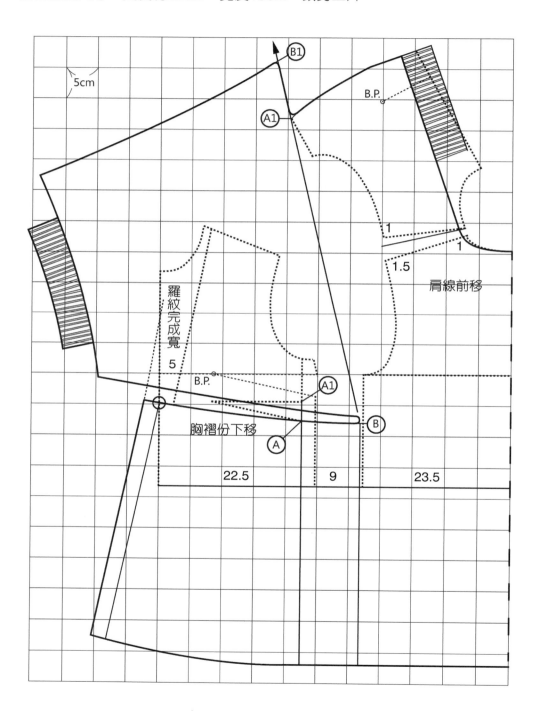

款式三八

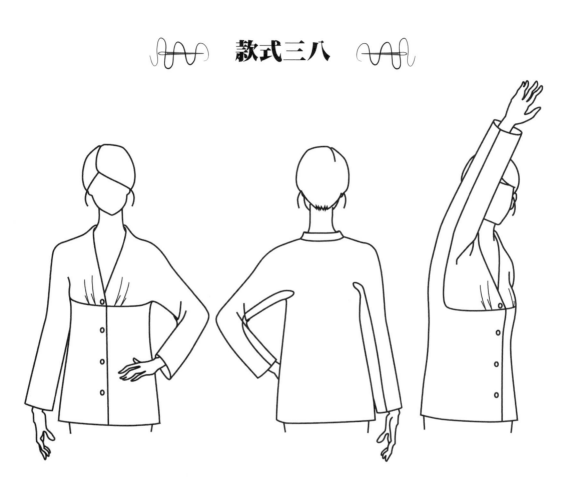

高領薄外套

款式說明

1. 領型變化設計，前領圍沿著肩線直接外加側領腰高，後領依立領的製圖要點加領片做出後領腰高度，為前領高領、後領立領的組合型態。

2. 前身上半部裁片，由前中心加出褶份，做出胸前活褶，增加胸前的立體感。

3. 整件衣服胸圍鬆份26cm、胸寬鬆份13cm、背寬鬆份13cm。

4. 以布寬五尺寬、150cm計算用布量，半件衣服衣身寬55cm。

5. 衣長可自訂，袖長約52cm。

6. 前中心做開口處理，後中心線裁雙。

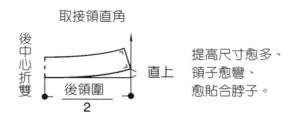

製圖

前身上半部裁片：由前中心加出的分量包含活褶份與前重疊份。

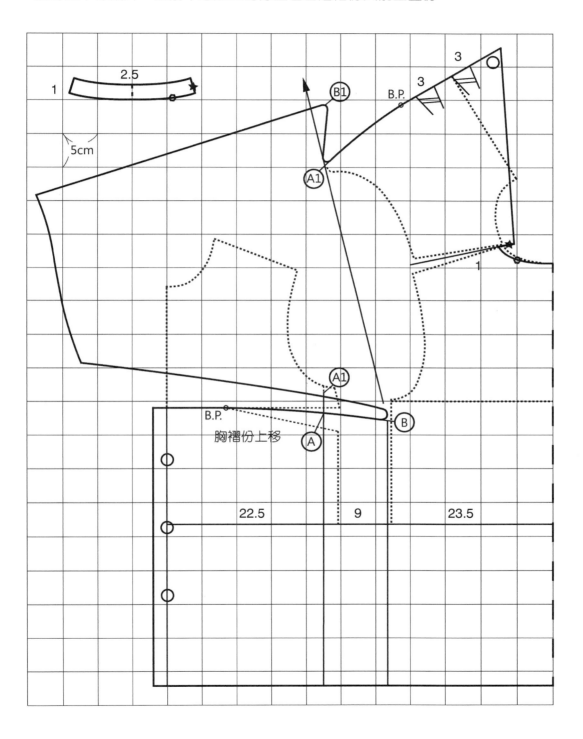

款式三九

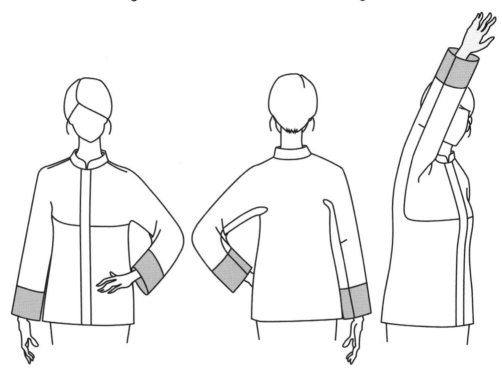

立領外套

款式說明

1. 立領型變化設計，如旗袍領。前中心製作比翼雙開口，為較簡潔的中式款式。

2. 製作全長袖子時受限於布寬不足，需剪接袖口布補足長度。袖口布可做配色或不同花色設計。

3. 整件衣服胸圍鬆份26cm、胸寬鬆份13cm、背寬鬆份13cm。

4. 以布寬五尺寬、150cm計算用布量，半件衣服衣身寬55cm。

5. 衣長可自訂，袖長約60cm。

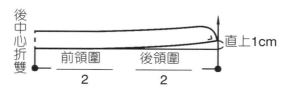

製圖要點→肩線與褶

1　外套款式需將肩頭的鬆份加大並加入墊肩厚度的分量。

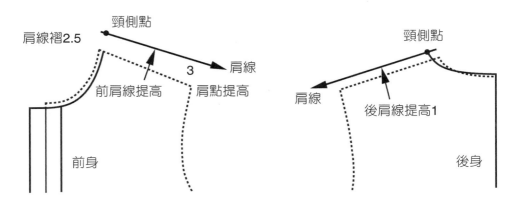

2　將前後肩線併合；
　　頸側點前移1cm，
　　重新將肩線畫成弧線。

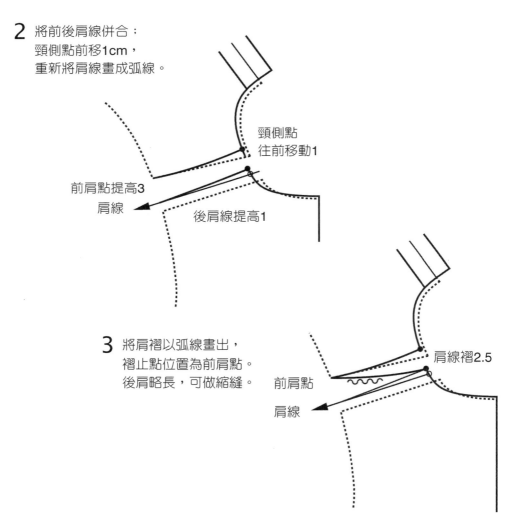

3　將肩褶以弧線畫出，
　　褶止點位置為前肩點。
　　後肩略長，可做縮縫。

製圖

1. 肩部以肩褶調整袖寬並做出肩型；袖子在肘部以褶子調整袖下長度並做出立體。

2. 肩褶的分量會影響前身上半部的角度，參閱款式六、頁97。利用上半身角度的改變，調整袖寬的寬度；而袖寬的寬度會影響袖下長的尺寸。

3. 前後袖下長的尺寸因為彎曲度的不同，會產生尺寸上差異。尺寸差異可用弧線轉動袖下的方式調整，參閱款式二、頁80；或者以製作時的燙拔縮、車縫肘褶處理。

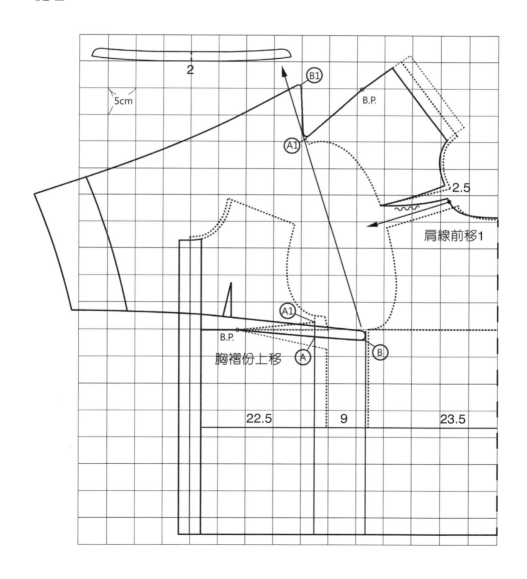

裁剪

　　以女裝前襟為右身蓋左身而言，比翼雙開口裁片僅需裁剪右前身片，左前身片直接以連續裁剪方式裁剪貼邊即可。

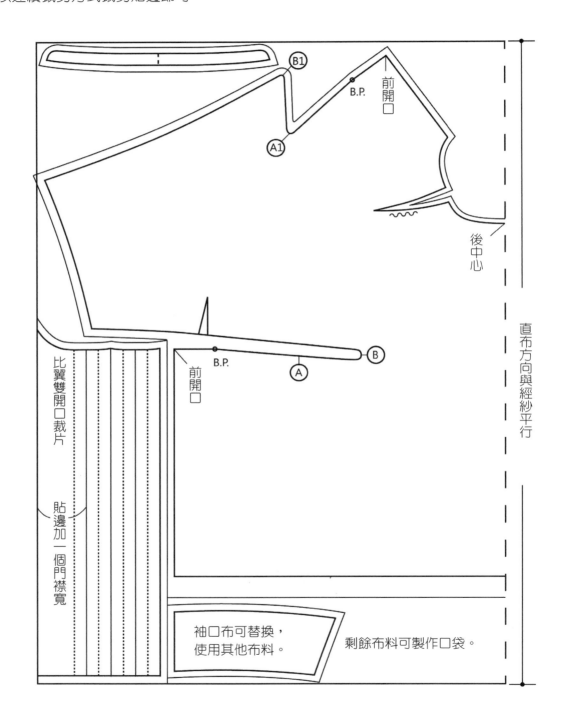

款式四十

高領外套

款式說明

1. 領型變化設計，將領圍沿著頸部，從衣身連續裁剪做出領形。要做出符合頸部形狀的領型，應使用容易做出燙縮拔的布料，例如毛料、雙面料。

2. 以簡潔線條為設計思考，前中心重疊份取少，直接以一顆釦子扣合。

3. 整件衣服胸圍鬆份26cm、胸寬鬆份13cm、背寬鬆份13cm。

4. 以布寬五尺寬、150cm計算用布量，半件衣服衣身寬55cm。

5. 衣長可自訂，袖長約52cm。

6. 前中心做開口處理，後中心線裁雙。

高領製圖

1 前肩線與後肩褶的移動。

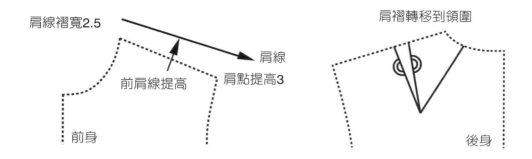

肩線褶寬2.5

肩線

前肩線提高

肩點提高3

前身

肩褶轉移到領圍

後身

2 取頸側點與移動後肩線。

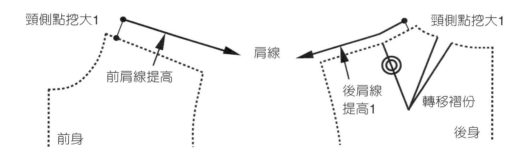

頸側點挖大1

肩線

前肩線提高

前身

頸側點挖大1

後肩線提高1

轉移褶份

後身

3 畫肩線褶與後領褶。

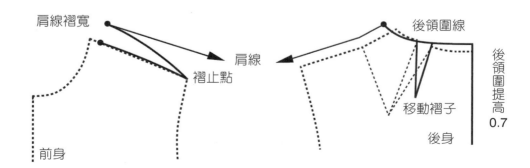

肩線褶寬

肩線

褶止點

前身

後領圍線

後領圍提高0.7

移動褶子

後身

4 畫高領線。

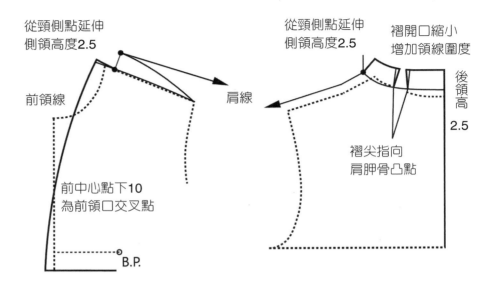

從頸側點延伸
側領高度2.5

前領線

肩線

前中心點下10
為前領口交叉點

B.P.

從頸側點延伸
側領高度2.5

褶開口縮小
增加領線圍度

後領高
2.5

褶尖指向
肩胛骨凸點

5 前後肩併合。

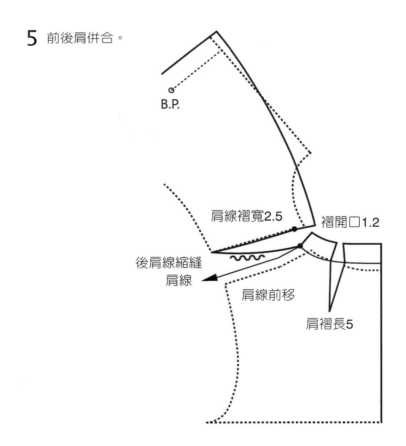

B.P.

肩線褶寬2.5

褶開口1.2

後肩線縮縫
肩線

肩線前移

肩褶長5

製圖

高領和立領相似，但領型經由衣身連續裁剪而成，沒有領圍接縫線。利用肩線剪接與後領褶的接縫，做出符合頸部的形狀，為此款領型的重點。

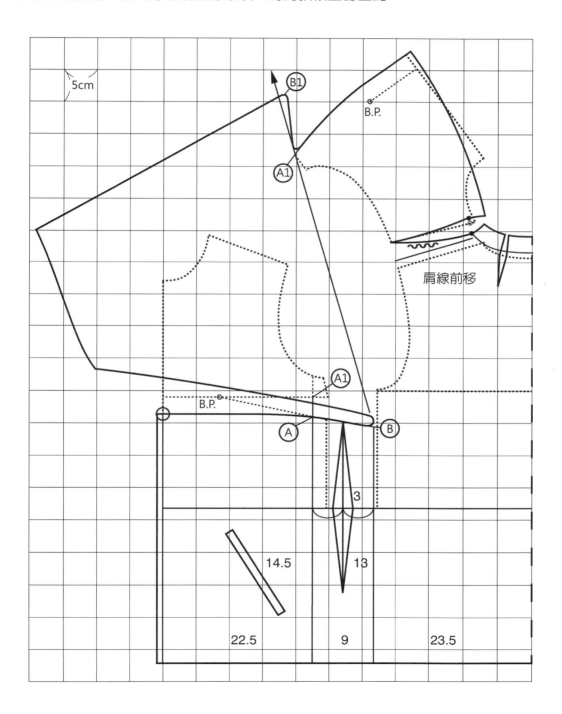

款式四一

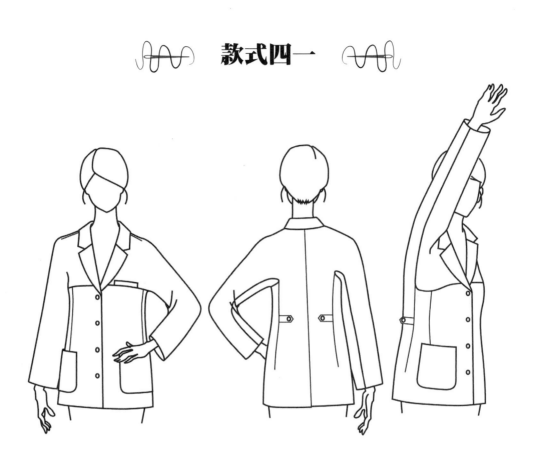

西裝領外套

款式說明

1. 領型變化設計，由衣身連續裁剪的下片領與上片領構成的西裝領。根據領折止點、刻口角度、下片領寬的相對位置，組合出變化設計的領型。

2. 側身打褶收腰，後腰利用帶絆調整腰圍尺寸。

3. 衣長長度蓋過於臀圍，可設計後襬開叉，增加活動時所需的鬆份。

4. 整件衣服胸圍鬆份26cm、胸寬鬆份13cm、背寬鬆份13cm。

5. 以布寬五尺寬、150cm計算用布量，半件衣服衣身寬55cm。

6. 衣長為腰下30cm、總長約70cm，袖長約50cm。

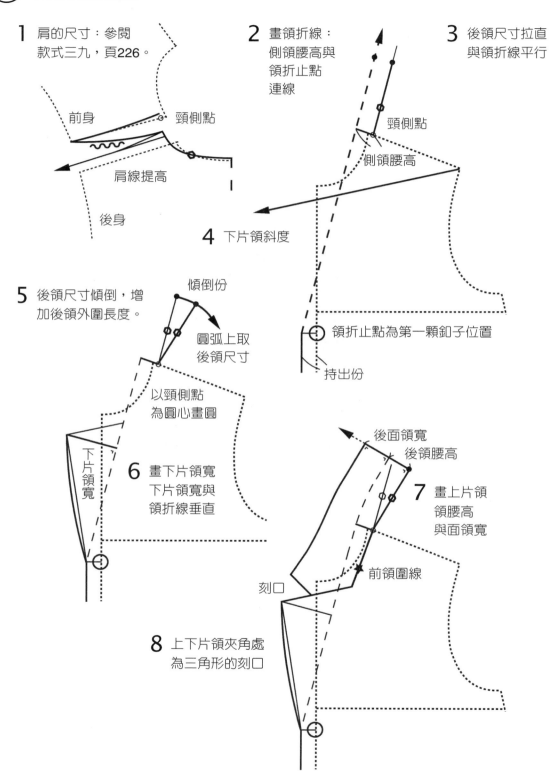

西裝領製圖

1 肩的尺寸：參閱
款式三九，頁226。

前身　　　頸側點

肩線提高

後身

2 畫領折線：
側領腰高與
領折止點
連線

頸側點

側領腰高

3 後領尺寸拉直
與領折線平行

4 下片領斜度

領折止點為第一顆鈕子位置

持出份

5 後領尺寸傾倒，增
加後領外圍長度。

傾倒份

圓弧上取
後領尺寸

以頸側點
為圓心畫圓

下片領寬

6 畫下片領寬
下片領寬與
領折線垂直

後面領寬
後領腰高

7 畫上片領
領腰高
與面領寬

前領圍線

刻口

8 上下片領夾角處
為三角形的刻口

製圖

1. 頸側點根據裡面穿著的衣服厚度挖大0.5～1cm，再由挖大的點畫出側領腰高。
   因為領片翻折的關係，側領腰高低於後領腰高，後領腰高小於後面領寬。
2. 利用西裝領翻折的特點，將上片領剪接線藏於領下；下片領剪接線藏於貼邊。
   如此可節省用布量。

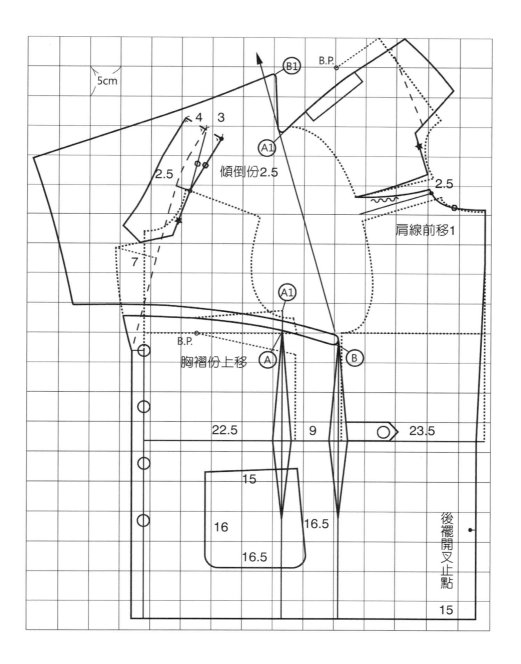

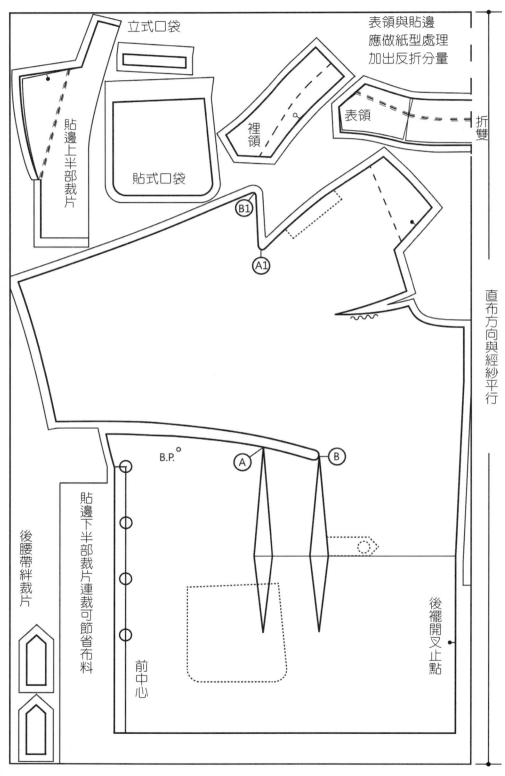

裁剪

立式口袋

表領與貼邊
應做紙型處理
加出反折分量

貼邊上半部裁片

裡領

表領

折雙

貼式口袋

B1

A1

直布方向與經紗平行

B.P.

A

B

後腰帶絆裁片

貼邊下半部裁片連裁可節省布料

前中心

後襬開叉止點

款式四二

雙排釦絲瓜領外套

款式說明

1. 類似西裝領的領型變化設計，翻領片沒有缺角，領外緣線呈現連續的圓弧線。雙排釦、拉克蘭剪接線、襬圍收窄的輪廓造型。

2. 側身打一個脇褶，利用脇褶接縫線作剪接口袋。

3. 整件衣服胸圍鬆份26cm、胸寬鬆份13cm、背寬鬆份13cm。

4. 以布寬五尺寬、150cm計算用布量，半件衣服衣身寬55cm。

5. 設定襬圍57cm，衣身輪廓線呈現倒梯型。

6. 衣長為腰下30cm、總長約70cm，袖長約50cm。

前身轉移、襬圍收窄製圖要點

1. 前中心加出裡面穿著的衣服厚度0.5～1cm，再由加出的線畫出雙排釦的重疊份。

2. 衣長長度蓋過於臀圍時，臀圍所需基本鬆份量為4cm。襬圍尺寸至少要有臀圍尺寸加上鬆份量。

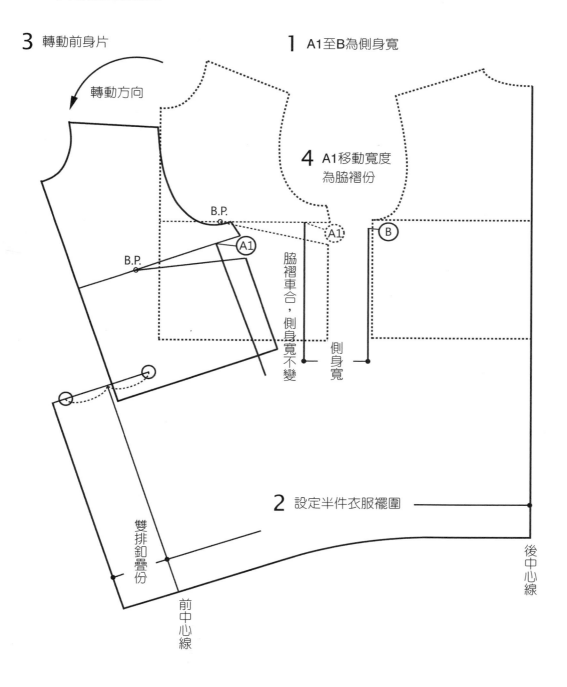

3 轉動前身片

轉動方向

1 A1至B為側身寬

4 A1移動寬度為脇褶份

B.P.

B.P.

A1

A1

B

脇褶車合，側身寬不變

側身寬

2 設定半件衣服襬圍

雙排釦疊份

前中心線

後中心線

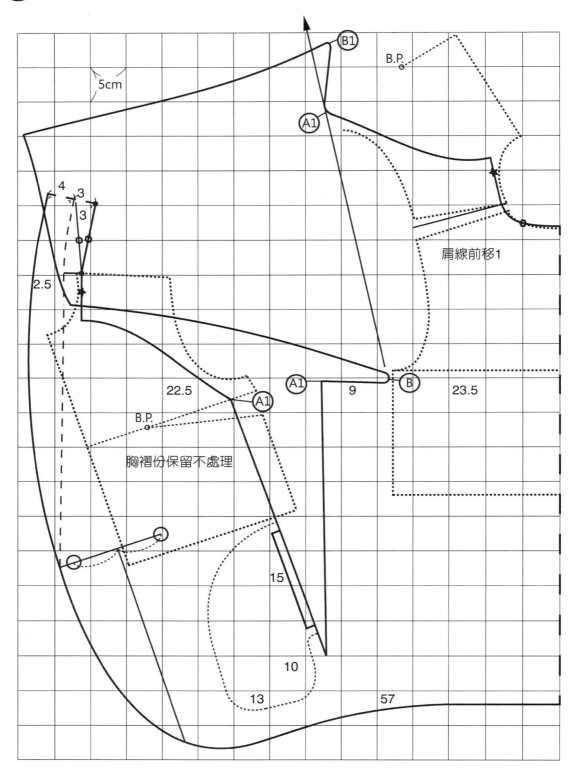

絲瓜領的領片裁剪法

1. 絲瓜領表領片沒有接縫線，表領片與前貼邊要採用連續裁剪的方式。後中心裁剪直布紋時，衣襬布紋會呈現斜紋。裁片若很長時，為保持前貼邊衣襬的布紋為直布，可在領折止點以下裁開，依所需布紋裁剪成為兩片再縫合。利用領型翻折的特點，將上片領剪接線藏於領下；下片領剪接線藏於貼邊。如此可節省用布量。

2. 絲瓜領裡領片與前身分開裁剪，為使領片的翻折線順暢，裡領片裁剪正斜布。後中心裁雙時，領片左右兩端的布紋紋路會不相同。若要使領片左右兩端的布紋相同，後中心要裁開，成為兩片再縫合。

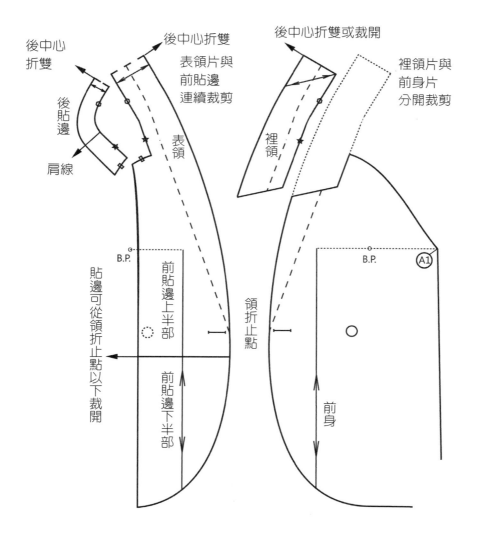

款式四三

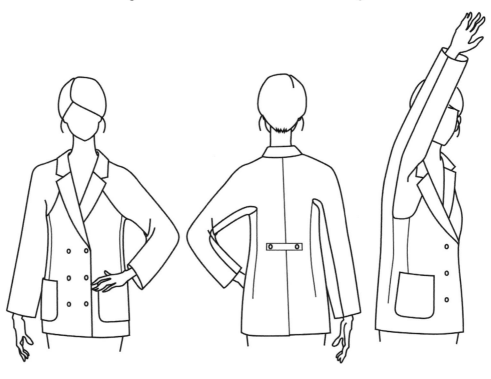

雙排釦西裝領外套

款式說明

1. 西裝領型變化設計，雙排釦、拉克蘭剪接線、襬圍收窄的合身型。

2. 側身打褶收腰，後腰利用帶絆調整腰圍尺寸。

3. 衣長長度蓋過於臀圍時，可設計後襬開叉，增加活動時所需的鬆份。

4. 整件衣服胸圍鬆份23cm、胸寬鬆份10cm、背寬鬆份13cm。

5. 以布寬五尺寬、150cm計算用布量，半件衣服衣身寬55cm。

6. 臀圍所需基本鬆份量為4cm，設定襬圍48cm，襬圍尺寸至少要有臀圍尺寸加上鬆份量，衣身輪廓線呈現倒梯型。

7. 衣長為腰下30cm、總長約70cm，袖長約50cm。

製圖→長袖

1. 前中心加出裡面穿著的衣服厚度0.5～1cm，再由加出的線畫出雙排釦的重疊份。因領片翻折的關係，側領腰高低於後領腰高，後領腰高小於後面領寬。

2. 剪接線上移為拉克蘭剪接線，影響前後袖下剪接線的斜度。袖下線斜度差異很大，不宜使用經緯紗強度不同的布料。

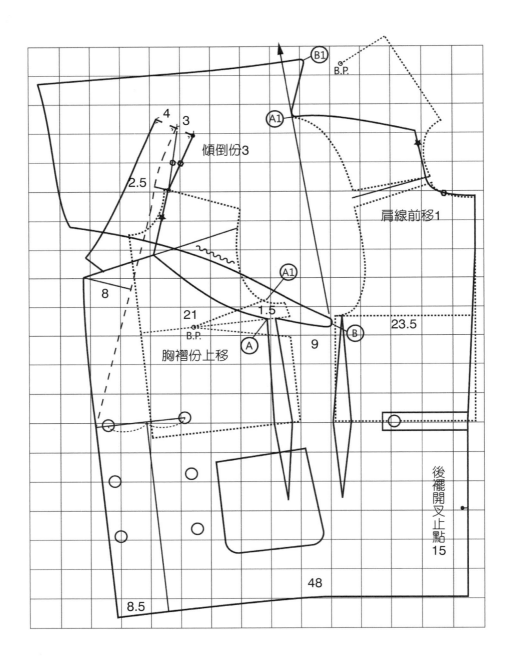

製圖→短袖

1. 長袖的袖下線斜度差異很大，袖口線也呈現斜向。製作車合時可能會因為經緯紗向強度不同的布料，產生斜向的扭轉紋路。

2. 將袖長改短與提高的剪接線錯位，就可避免此問題並節省用布。

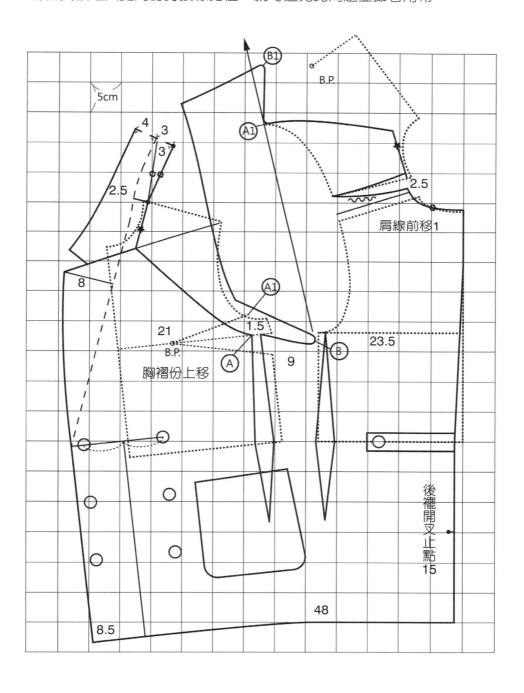

⬤ 製作→雙排釦的釦子與釦洞位置

1. 單排釦的釦子與釦洞為成雙的排列方式。雙排釦的釦子則是一排縫於右前身、一排縫於左前身,穿著時交疊扣合呈現對稱。

2. 女裝前身為右前在上、左前在下的右蓋左形式。因此右前身的釦子為裝飾作用,另於右前端開釦洞與左前身的釦子作扣合。穿著時前中心的交疊分量較大時,怕內側的衣襟會下墜,所以左前端上方開一個釦洞與右前身的第一顆釦子扣合。

3. 右前身的第一顆釦子位置,正面要縫一顆裝飾釦,反面則縫一顆與左前端釦洞扣合的釦子。反面的釦子可用單價比較低的量節省成本,也可使用與正面相同的釦子為備用釦。

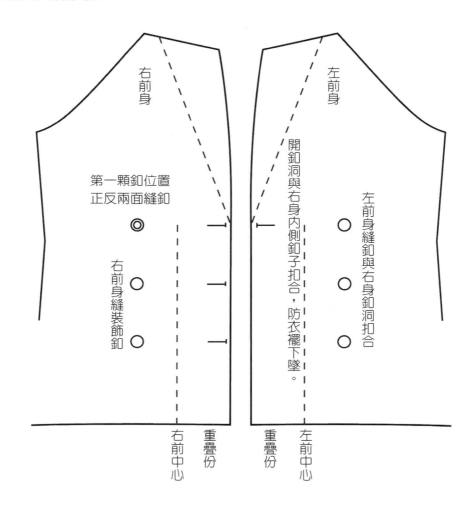

款式四四

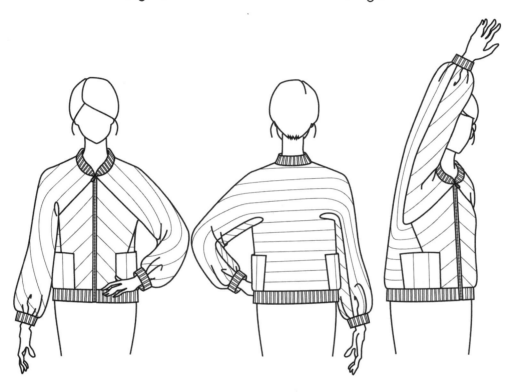

條紋夾克

款式說明

1. 移動胸前剪接線,使剪接線與布料緯紗、橫布紋同方向。利用橫向條紋布製作時,前身可呈現完美的條紋對合。

2. 側身打一個脇褶,利用脇褶消除胸圍處多餘的分量。

3. 整件衣服胸圍鬆份26cm、胸寬鬆份13cm、背寬鬆份13cm。

4. 以布寬五尺寬、150cm計算用布量,半件衣服衣身寬55cm。

5. 設定襬圍為48cm,襬圍尺寸至少要有臀圍尺寸加上鬆份量。

6. 衣長為腰下30cm、總長約70cm,袖長約50cm。

7. 前中心做拉鍊開口處理,領圍、袖口與衣襬使用羅紋車縫處理。

製圖

1. 前身轉移製圖要點，參閱款式四二、頁241。
2. 領口羅紋尺寸，長度約50cm、寬度8cm，裁剪一片；
3. 袖口羅紋尺寸，長度約20cm、寬度12cm，裁剪二片；
4. 衣襬羅紋尺寸，長度約100cm、寬度12cm，裁剪一片。

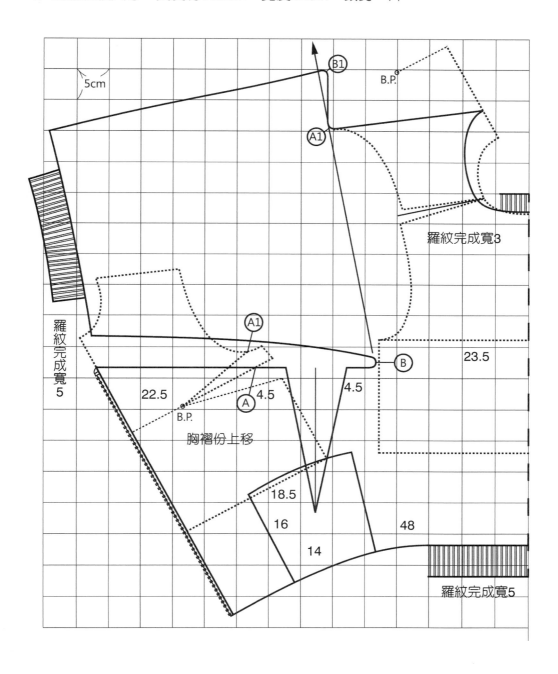

款式四五

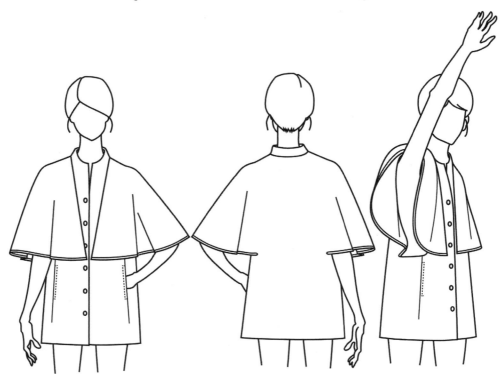

斗篷外套

款式說明

1. 衣長蓋至膝上的長版厚外套，前身製成斗篷款式，使用雙面毛料製作可兩面穿著。

2. 後領圍立領款式，領子由前身直接延伸整個後領長度。利用左右身兩裁片，一片做為表領片、一片做為裡領片。

3. 側身打一個脇褶，利用脇褶接縫線作剪接口袋與貼口袋。

4. 整件衣服胸圍鬆份26cm、胸寬鬆份13cm、背寬鬆份13cm。

5. 以布寬五尺寬、150cm計算用布量，半件衣服衣身寬55cm。

6. 衣長為腰下40cm、總長約80cm，斗篷長約40～45cm。

7. 斗篷襬圍用滾邊車縫處理或直接折入雙面料內層手縫。

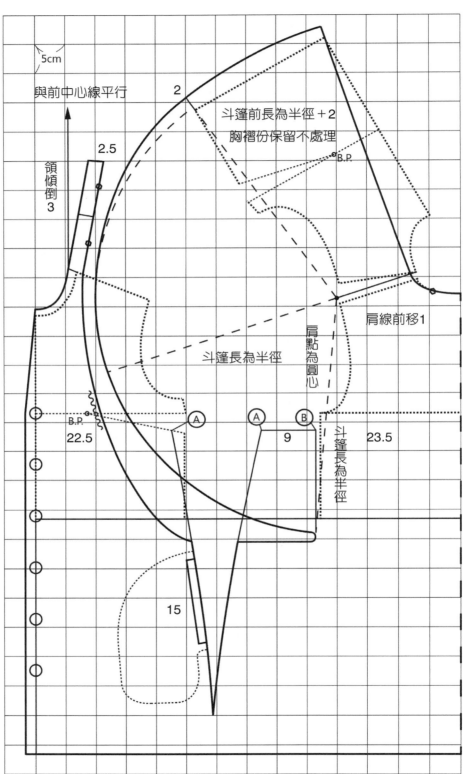

製圖

5cm

與前中心線平行 2

斗篷前長為半徑＋2
胸褶份保留不處理

2.5

B.P.

領傾倒3

肩線前移1

斗篷長為半徑

肩點為圓心

B.P.

22.5

Ⓐ Ⓐ Ⓑ

9

斗篷長為半徑

23.5

15

款式四六

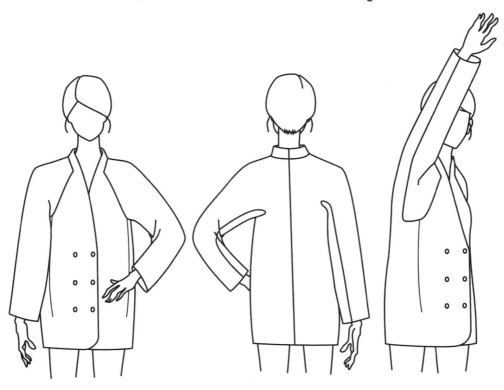

立領大衣

款式說明

1. 衣長蓋至膝上的長版厚外套，雙排釦、拉克蘭剪接線、襬圍收窄的輪廓造型，可使用夾棉布或毛料。

2. 領子直接由前身延伸，領前襟製圖時畫成直線，裁剪時使用直布紋。直布紋可使領口拉緊，避免一般V形領口裁剪斜布紋易產生的拉扯變形。

3. 衣長長度蓋過於臀圍，可設計後襬開叉，增加活動時所需的鬆份。

4. 整件衣服胸圍鬆份28cm、胸寬鬆份13cm、背寬鬆份13cm。

5. 設定襬圍52cm，衣身輪廓線呈現啤酒筒型。

6. 以布寬五尺寬製作、150cm計算用布量，半件衣服衣身寬56cm。

7. 衣長為腰下40cm、總長約80cm，袖長約50cm。

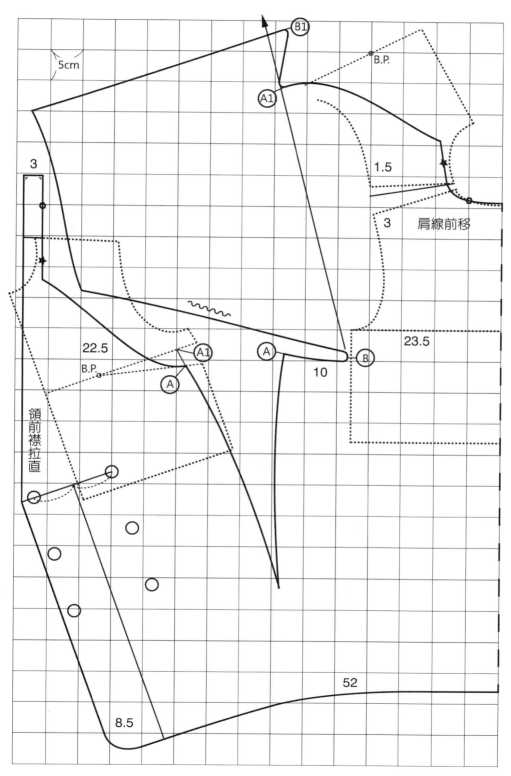

款式四七

高領大衣

款式說明

1. 長版厚外套、襬圍收窄的輪廓造型,使用綁帶設計。

2. 領子直接由前身上半部延伸,前襟製圖時畫成直線,裁剪時使用直布紋。直布紋可使領口拉緊,避免一般V形領口裁剪斜布紋易產生的拉扯變形。

3. 衣長長度蓋過於臀圍,可設計後襬開叉,增加活動時所需的鬆份。

4. 整件衣服胸圍鬆份28cm、胸寬鬆份13cm、背寬鬆份13cm。

5. 設定襬圍50cm,衣身輪廓線呈現啤酒筒型。

6. 以布寬五尺寬製作、150cm計算用布量,半件衣服衣身寬56cm。

7. 衣長為腰下50cm、總長約90cm,袖長約50cm。

製圖

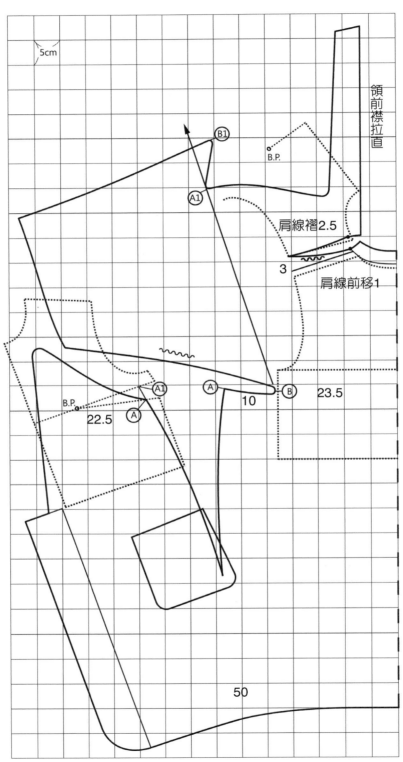

款式四八

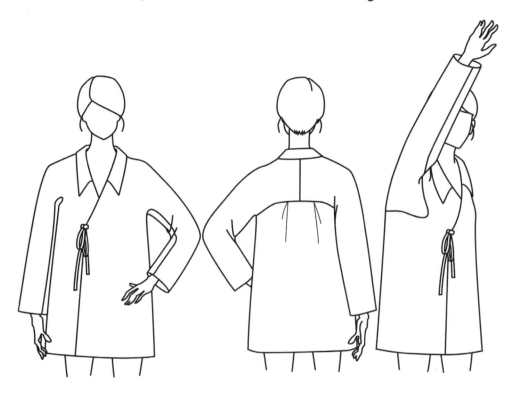

翻領外袍

款式說明

1. 衣長蓋至膝上的長版厚外袍，前襟交疊綁帶設計，可使用夾棉布或毛料。

2. 剪接線移至後身：後身上半部裁開，後身下半部裁雙。後身下半部剪接線處加上活褶或抽縫細褶設計。

3. 整件衣服胸圍鬆份48cm、胸寬鬆份16cm、背寬鬆份18cm。

4. 以布寬五尺寬製作、150cm計算用布量，半件衣服衣身寬74cm。

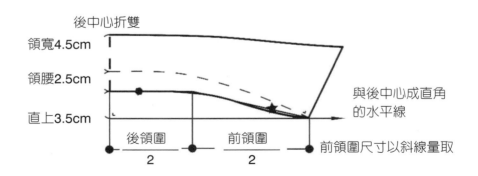

製圖

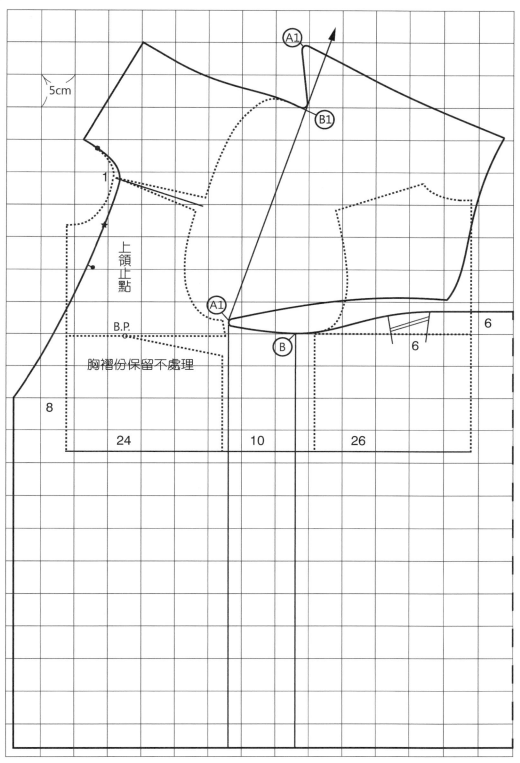

5cm

A1

B1

1

上領止點

B.P.

A1

B

6

6

胸褶份保留不處理

8

24

10

26

款式四九

連裁立領外袍

款式說明

1. 長版厚外套，前襟交疊綁帶設計，可使用夾棉布或毛料。

2. 領子直接由前身延伸，領前襟製圖時畫成直線，裁剪時使用直布紋。直布紋可使領口拉緊，避免一般V形領口裁剪斜布紋易產生的拉扯變形。

3. 整件衣服胸圍鬆份36cm、胸寬鬆份16cm、背寬鬆份18cm。

4. 以布寬五尺寬製作、150cm計算用布量，半件衣服衣身寬74cm。

5. 衣長為腰下70cm、總長約110cm，袖長約50cm。

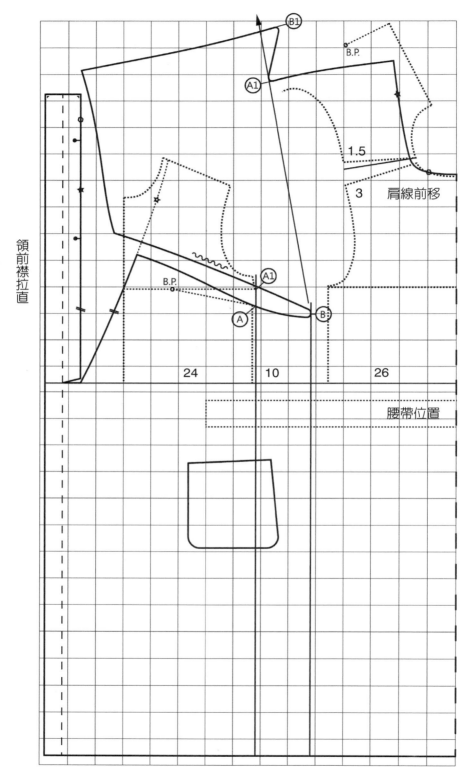

製圖

習作紙型　款式四五斗篷外套

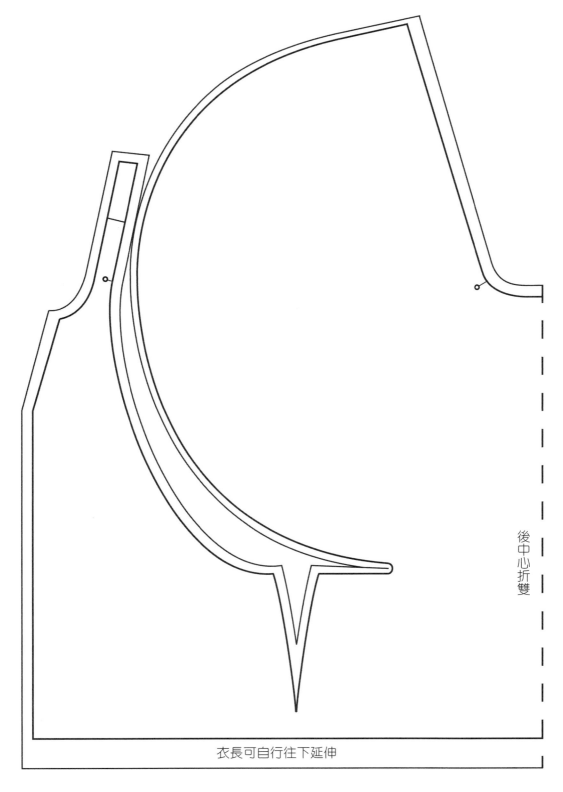

後中心折雙

衣長可自行往下延伸

傳統裁剪款式設計

款式五十

中式家居服

款式說明

1. 採用深衣款式的斜襟、右衽設計要點，並將裁片簡化成為日常穿著的舒適家居服裝，使用耐洗、堅牢度佳、觸感良好的材質。

2. 衣長可自訂，依所選擇的材質可做成洋裝、薄外套、長外罩衣、浴袍。

3. 日常家居穿著襯衣的整件衣服胸圍鬆份16cm、胸寬鬆份6cm、背寬鬆份12cm。

4. 以布寬四尺寬、120cm計算用布量，半件衣服衣身寬50cm。

5. 後中心線裁雙，前襟開口可作拉鍊開口、開鈕或綁帶處理。

⬤ 製圖→直襟款式

衣襬與前襟交疊份皆取直線。衣長自訂，長度過膝時要考慮活動的機能性。

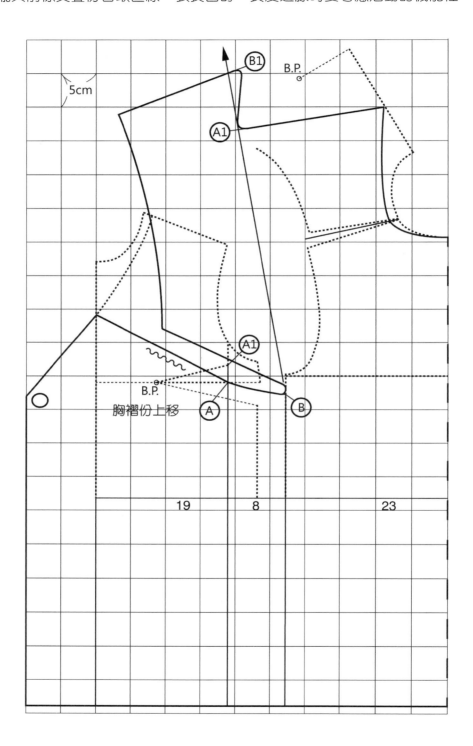

製圖→A襬款式

衣襬呈現**A Line**輪廓線，前襟取直布紋，為變化前襟交疊與輪廓線條的設計。

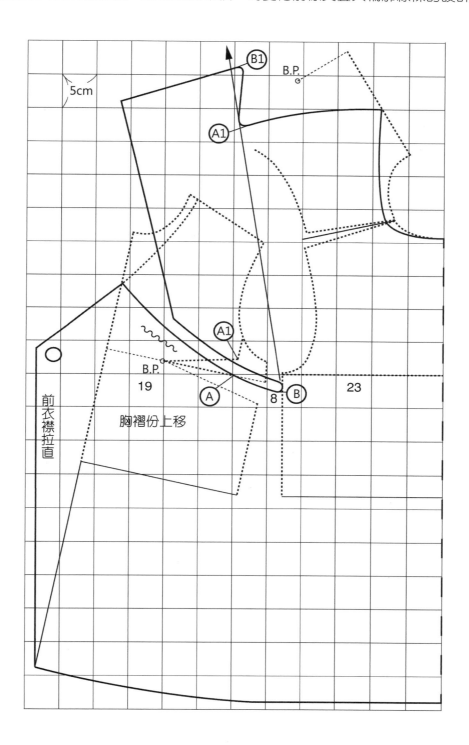

款式五一

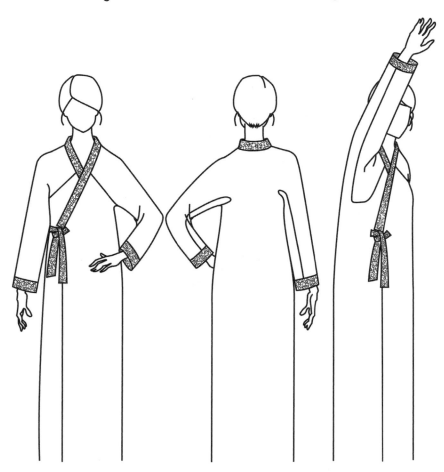

現代化深衣

款式說明

1. 以單接縫裁剪線條製作深衣的款式，與傳統樣式有相同的外觀效果，但衣服整體的用布量減少、重量減輕、製作程序加快，更能符合現代速與簡的要求，改善穿著的舒適度與機能性，提供一個傳統服裝創新製作的範例。

2. 領與袖口的緣飾、腰圍的綁帶可以配色布料製作。

3. 整件衣服胸圍鬆份18cm、胸寬鬆份8cm、背寬鬆份12cm。

4. 以布寬五尺寬、150cm計算用布量，半件衣服衣身寬51cm。

製圖

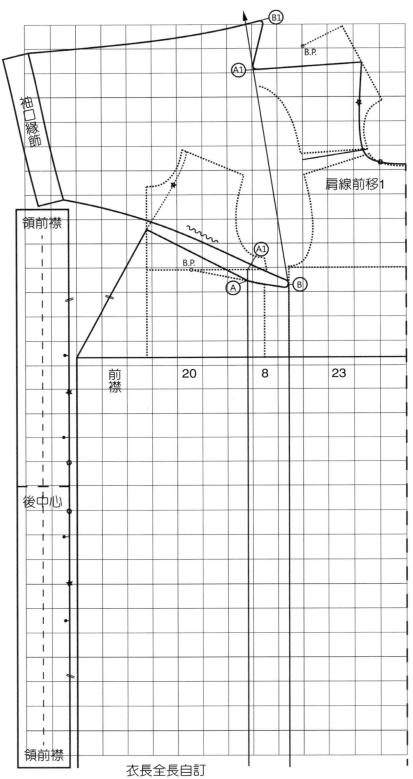

款式五二

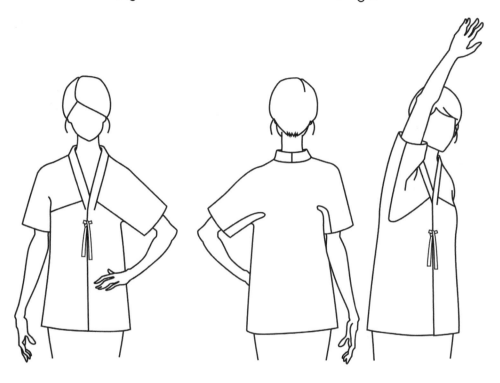

日式短掛

款式說明

1. 對襟式的日式上衣，為外罩穿著的服裝。適合日常家居穿著，使用耐洗、堅牢度佳、觸感良好的材質。

2. 前襟的交疊分量由布幅寬度決定，可加貼口袋設計。

3. 整件衣服胸圍鬆份16cm、胸寬鬆份6cm、背寬鬆份12cm。

4. 以布寬三尺八寬、110cm計算用布量，半件衣服衣身寬50cm。

5. 衣長約70cm，袖長約17cm。

6. 前中心做綁帶開口處理，後中心線裁雙。

受限於布幅寬，此款為對襟樣式。布幅寬增加時，前襟可以加出交疊分量。

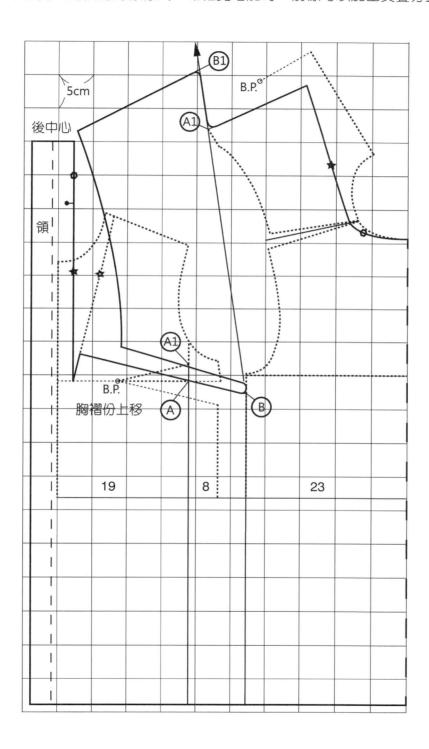

款式五三

現代化和服

款式說明

1. 以單接縫裁剪線條製作和服（ゆかた）的款式，與傳統樣式有相同的外觀效果，但衣服整體的用布量減少、重量減輕、製作程序加快，更能符合現代速與簡的要求，改善穿著的舒適度與機能性，提供一個傳統服裝創新製作的範例。

2. 傳統和服穿著時，腰部有反折的分量，衣長約為身高加5%。

3. 整件衣服胸圍鬆份18cm、胸寬鬆份8cm、背寬鬆份12cm。

4. 以布寬五尺寬、150cm計算用布量，半件衣服衣身寬51cm。

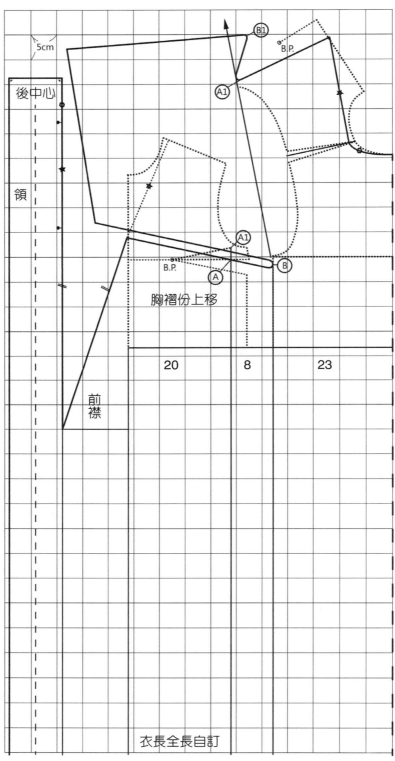

款式五四

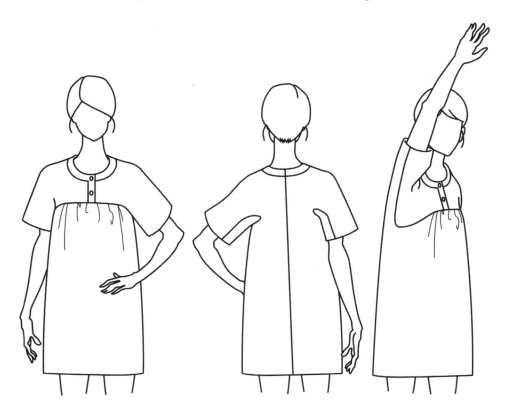

韓式家居服

款式說明

1. 採用韓服款式的高腰、寬裙設計要點，並將裁片簡化成為日常穿著的舒適家居服裝，使用耐洗、堅牢度佳、觸感良好的材質。

2. 衣長可自訂，依所選擇的材質可做成洋裝、長外罩衣、孕婦裝。

3. 日常家居穿著襯衣的整件衣服胸圍鬆份16cm、胸寬鬆份6cm、背寬鬆份12cm。

4. 以布寬四尺寬、120cm計算用布量，半件衣服衣身寬50cm。

5. 前中心線下半部裁雙，前中心上半部做開口處理，後中心線直接車合。

⊛ 製圖

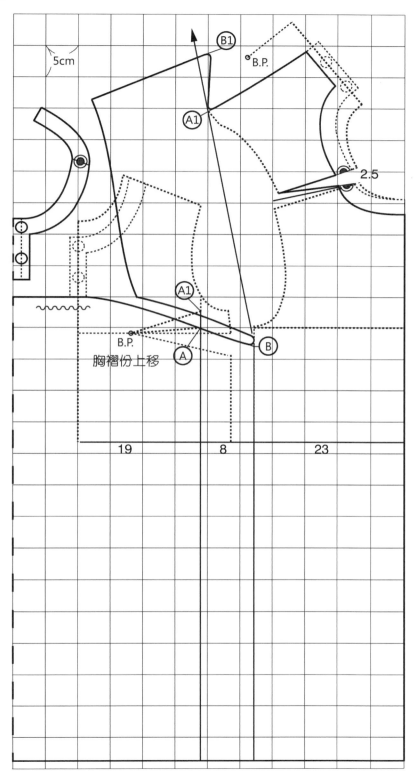

5cm

B1

B.P.

A1

2.5

A1

B.P.

胸褶份上移

A

B

19   8   23

款式五五

現代化韓服

款式說明

1. 以單接縫裁剪線條製作韓服的款式，與傳統樣式有相同的外觀效果，但衣服整體的用布量減少、重量減輕、製作程序加快，更能符合現代速與簡的要求，改善穿著的舒適度與機能性，提供一個傳統服裝創新製作的範例。

2. 前領從前身直接外加連續裁剪，後領依立領的製圖要點加領片。

3. 整件衣服胸圍鬆份18cm、胸寬鬆份8cm、背寬鬆份12cm。

4. 以布寬五尺寬、150cm計算用布量，半件衣服衣身寬51cm。

製圖

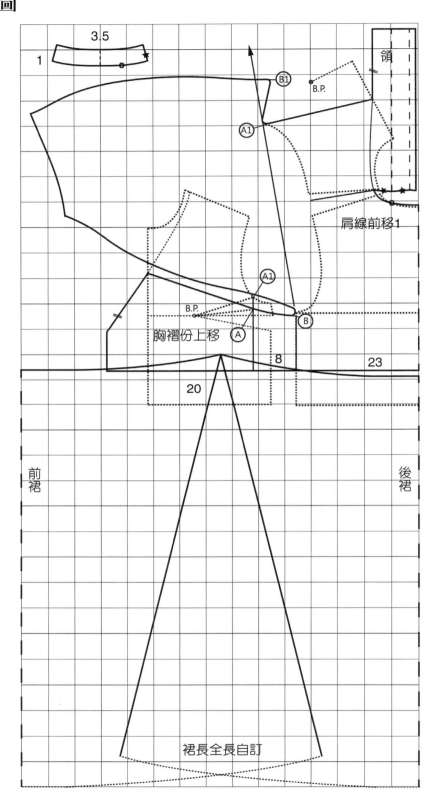

款式五六

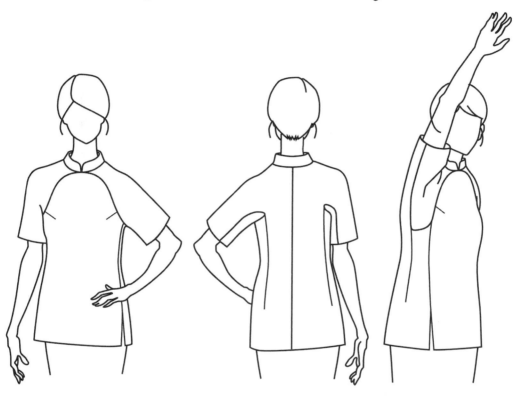

中式雙襟短衫

款式說明

1. 雙襟設計的合身中式上衣，領口、袖口、與前襟可加滾邊的變化製作。改善穿著的舒適度與機能性，成為可日常穿著的家居服裝，使用耐洗、堅牢度佳、觸感良好的材質。

2. 利用前胸寬線腰褶拉長至衣襬，前後身分為兩裁片，參閱款式三四、頁207。

3. 衣長長度蓋過於臀圍，可設計前胸寬線衣襬處開叉，增加活動時所需的鬆份。

4. 整件衣服胸圍鬆份16cm、胸寬鬆份6cm、背寬鬆份12cm。

5. 以布寬三尺八寬、110cm計算用布量，半件衣服衣身寬50cm。

6. 衣長約70cm，袖長約20cm。

7. 前中心線裁雙，後中心做開口處理。

製圖

胸褶分量分散於二：一半於前襟處車縫尖褶處理，另一半於前襟剪接線處理。

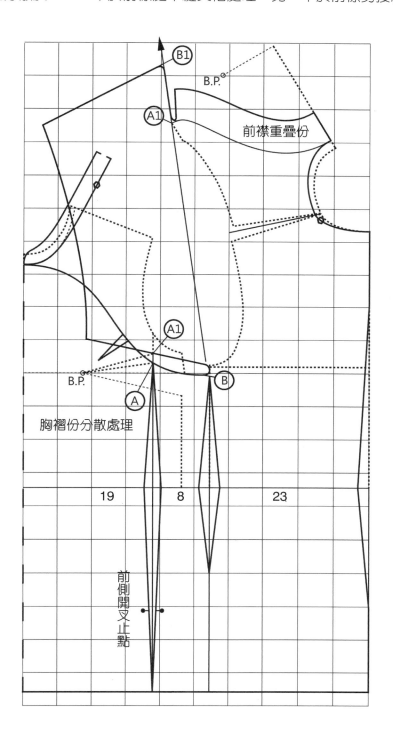

款式五七

旗袍→方襟直襬款式

款式說明

1. 以單接縫裁剪線條製作旗袍的款式，與傳統樣式有相同的外觀效果，但衣服整體的用布量減少、重量減輕、製作程序加快，更能符合現代速與簡的要求，改善穿著的舒適度與機能性，提供一個傳統服裝創新製作的範例。

2. 襟型可依設計做雙襟、圓襟、直襟、一字襟等……變化。

3. 整件衣服胸圍鬆份12cm、胸寬鬆份6cm、背寬鬆份8cm。

4. 以布寬三尺八寬、110cm計算用布量，半件衣服衣身寬48cm。

5. 前中心線裁雙，後中心線或右脇做拉鍊開口處理。

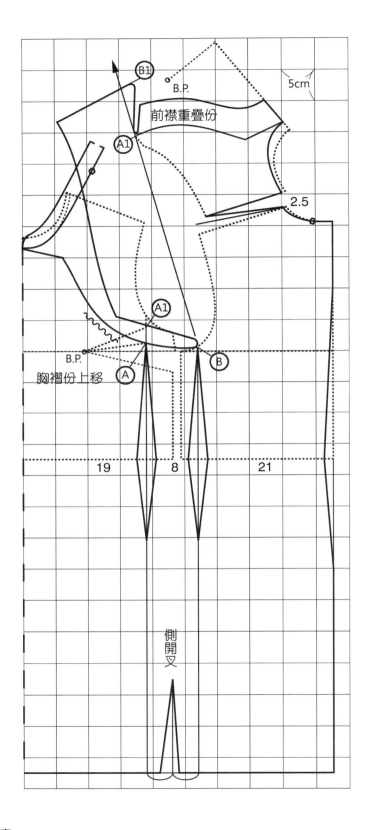

前襟重疊份

胸褶份上移

側開叉

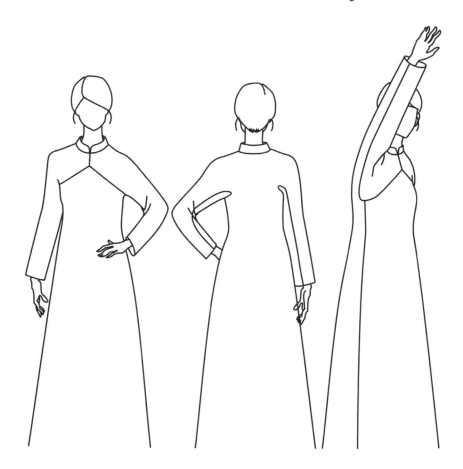

款式五八

旗袍→直襟A襬款式

款式說明

1. 以單接縫裁剪線條製作旗袍的款式，與傳統樣式有相同的外觀效果，但衣服整體的用布量減少、重量減輕、製作程序加快，更能符合現代速與簡的要求，改善穿著的舒適度與機能性，提供一個傳統服裝創新製作的範例。

2. 利用脇褶拉長至衣襬，前後身分為兩裁片，呈現A Line輪廓線，參閱款式三四、頁207。如果布料無方向性，可使用倒插排布的方式節省用布量。

3. 整件衣服胸圍鬆份12cm、胸寬鬆份6cm、背寬鬆份8cm，半件衣服衣身寬48cm。

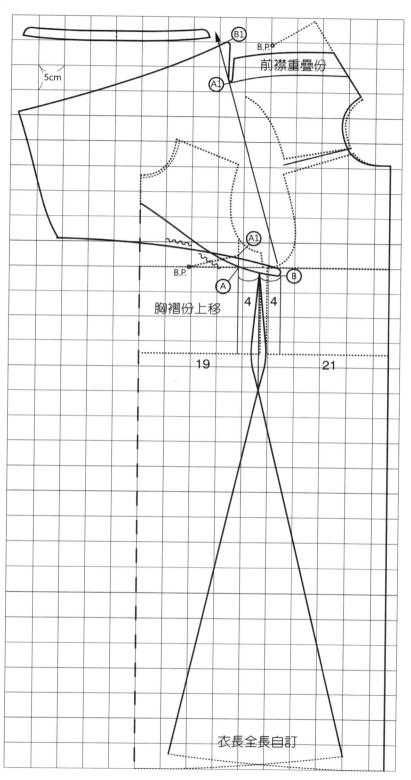

5cm

B1

B.P.

前襟重疊份

A1

A1

B.P.

A

B

胸褶份上移

4 4

19 21

衣長全長自訂

款式五九

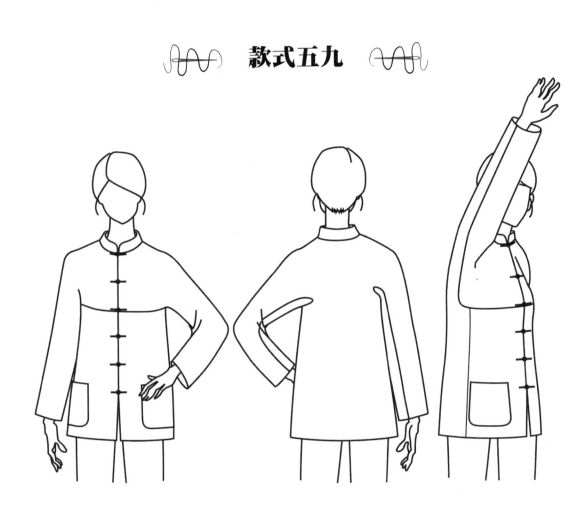

唐裝→胸圍橫向剪接線

款式說明

1. 採用量身尺寸直接製圖，不使用原型，因此男女皆可穿著。保留傳統立領，使用直扣五對或七對的中式款式。

2. 腰部作貼口袋，可利用前胸的橫向剪接線，做胸口袋設計。

3. 製作全長袖子時受限於布寬不足，需剪接後中心或袖口布補足長度。袖口布可做配色或不同花色設計。

4. 利用**脇褶**拉長至衣襬，前後身分為兩裁片，參閱款式三四、頁 207。

5. 衣長長度蓋過於臀圍，脇線衣襬處可作開叉，增加活動時所需的鬆份。

6. 前中心做開口處理，後中心線裁雙。

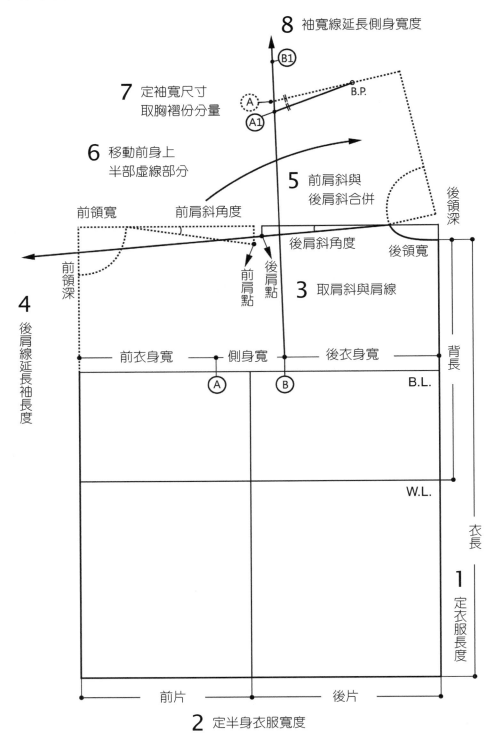

8 袖寬線延長側身寬度

B1

7 定袖寬尺寸
取胸褶份分量

A

B.P.

A1

6 移動前身上
半部虛線部分

5 前肩斜與
後肩斜合併

前領寬

前肩斜角度

後領深

後肩斜角度

後領寬

前領深

前肩點

後肩點

3 取肩斜與肩線

4 後肩線延長袖長度

前衣身寬

側身寬

後衣身寬

背長

A

B

B.L.

W.L.

衣長

1 定衣服長度

前片

後片

2 定半身衣服寬度

製圖尺寸

以中號標準尺寸為參考尺寸。

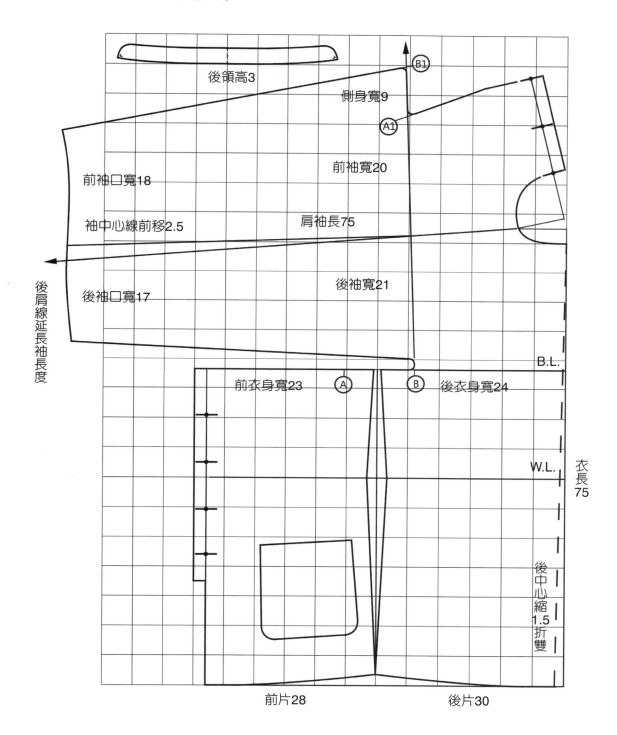

後領高3

側身寬9

B1

A1

前袖寬20

前袖口寬18

肩袖長75

袖中心線前移2.5

後袖口寬17

後袖寬21

後肩線延長袖長度

B.L.

前衣身寬23

A

B

後衣身寬24

W.L.

衣長75

後中心縮1.5折雙

前片28

後片30

款式六十

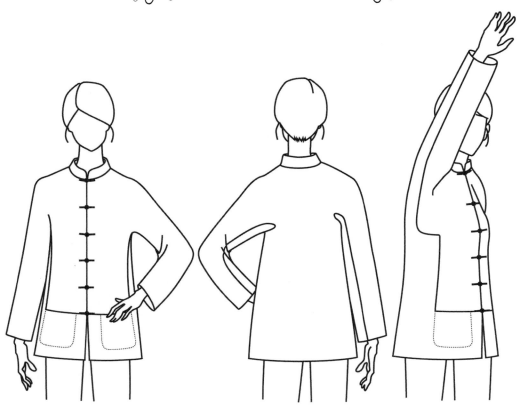

唐裝→腰圍橫向剪接線

款式說明

1. 採用量身尺寸直接製圖，不使用原型，因此男女皆可穿著。保留傳統立領，使用直扣五對或七對的中式款式。

2. 為款式五九唐裝的變化款，移動前胸的橫向剪接線，降低至腰下的口袋位置。脇線取直線併合，輪廓線為衣襬寬出的小A線條。

3. 製作全長袖子時受限於布寬不足，需剪接後中心或袖口布補足長度。袖口布可做配色或不同花色設計。

4. 脇線裁開成為剪接線，可將前後身分為兩裁片，衣襬處作開叉處理。

5. 前中心做開口處理，後中心線裁雙。

製圖

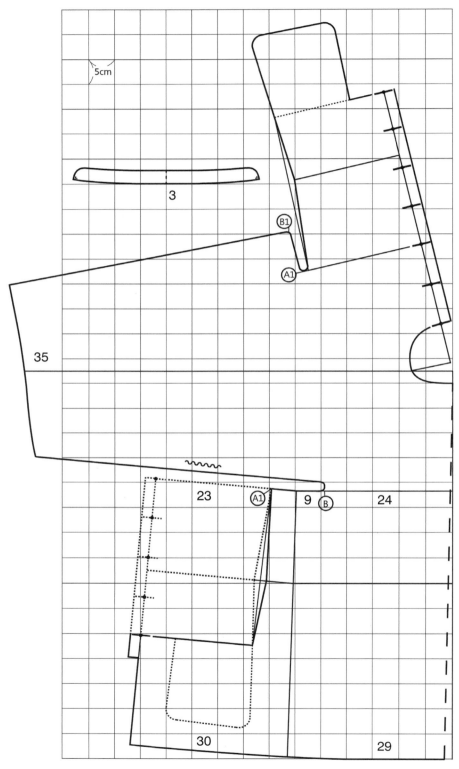

5cm

3

B1

A1

35

23 A1 9 B 24

30 29

裁剪

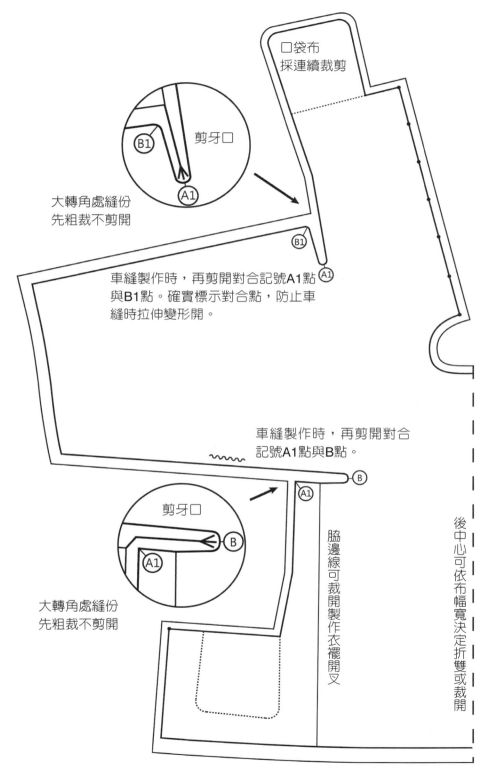

口袋布
採連續裁剪

剪牙口

B1

A1

大轉角處縫份
先粗裁不剪開

B1

A1

車縫製作時,再剪開對合記號A1點
與B1點。確實標示對合點,防止車
縫時拉伸變形開。

車縫製作時,再剪開對合
記號A1點與B點。

B

A1

剪牙口

B

A1

脇邊線可裁開製作衣襬開叉

大轉角處縫份
先粗裁不剪開

後中心可依布幅寬決定折雙或裁開

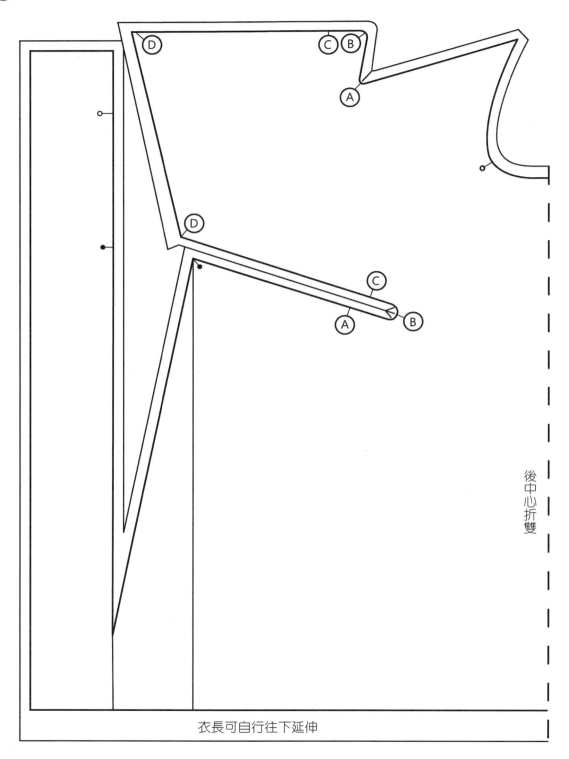

後中心折雙

衣長可自行往下延伸

參考文獻

中文資料

小池千枝（2005）。《文化服裝叢書7袖子》（修訂一版）。台北：雙大出版社。

王宇清（1982）。《中國服裝史綱》（六版）。台北：中華大典編印會。

江森京子（1997）。《文化服裝叢書8領子》（初版）。台北：雙大出版社。

李當岐（2005）。《西洋服裝史》（二版）。北京：高等教育出版社。

東海晴美（1993）。《葳歐蕾服裝設計史》（初版）。台北：邯鄲出版社。

洪素馨（2000）。《世馨裁剪：構成原理與應用設計》（新版）。台北：洪素馨。

施素筠（1993）。《立體簡易裁剪的應用與發展》（初版）。台北：雙大出版社。

夏士敏（1994）。《近代台灣婦女日常服演變之研究》碩士論文，中國文化大學，台北。

庹武（2008）。《服裝斜裁技術》（二版）。北京：中國紡織出版社。

財團法人中國紡織工業研究中心成衣工業部（1991）。《女裝基本原型之研究》（初版）。台北：財團法人中國紡織工業研究中心。

許雪姬、吳美慧、連憲升、郭月如（訪問）、吳美慧（紀錄）（2014）。《一輩子針線，一甲子教學：施素筠女士訪問紀錄》。台北：中央研究院台灣史研究所。

葛俊康（2006）。《衣身結構大全與原理》（初版）。上海：東華大學出版社。

劉瑞璞、邵新艷、馬玲、李洪蕊（2009）。《古典華服結構研究》（一版）。北京：光明日報出版社。

蔡宜錦（2012）。《西洋服裝史》（二版）。台北：全華圖書。

實踐家專服裝設計科編（1987）。《文化服裝講座婦女服1》（二版）。台北：影清出版社。

外文資料

三吉滿智子（2000）。《服裝造型學理論篇 I 日本文化女子大學服裝講座》。東京：文化出版局。

小野喜代司（1997）。《パタ ンメ キングの基礎－体格・体型・トルソー原型・アイテム原型・デザインパ》。東京：文化出版局。

キャロライン キース（2014）。《ドレーピング：完全講習本》。東京：文化出版局。

文化出版局（2014）。《誌上・パターン塾 Vol.1: トップ編》。東京：文化出版局。

Helen Joseph-Armstrong. (2006). *Patternmaking for Fashion Design, Fourth Edition*. New Jersey: Pearson Education, Inc.

網路資料

琥璟明，《先秦兩漢時期的服裝立體構成手法》，網址：http://tieba.baidu.com/p/3704783753?pid =67084448461&cid=#67084448461

維基百科中文版，《和服》，網址：https://zh.wikipedia.org/wiki/和服

維基百科中文版，《韓服》，網址：https://zh.wikipedia.org/wiki/韓服

I. Marc Carlson. *The Herjolfsnes Artifacts*, Retrieved from: https://translate.google.com.tw/ translate?hl=zh-TW&sl=en&u=http://www.personal.utulsa.edu/~marc-carlson/cloth/ herjback.html&prev=search

國家圖書館出版品預行編目資料

單接縫裁剪版型研究／夏士敏著.--二版.--臺
北市：五南圖書出版股份有限公司, 2021.06
面；　公分
ISBN 978-986-522-792-0（平裝）

1.服裝設計

423.2　　　　　　　　　　110007454

1Y59

單接縫裁剪版型研究

作　　　者 ―	夏士敏
責任編輯 ―	唐筠
版型設計 ―	羅秀玉
封面設計 ―	羅秀玉
發 行 人 ―	楊榮川
總 經 理 ―	楊士清
總 編 輯 ―	楊秀麗
副總編輯 ―	張毓芬

出 版 者 ― 五南圖書出版股份有限公司

地　　　址：106台北市大安區和平東路二段339號4樓

電　　　話：(02)2705-5066　　傳　　　真：(02)2706-6100

網　　　址：https://www.wunan.com.tw

電子郵件：wunan@wunan.com.tw

劃撥帳號：01068953

戶　　　名：五南圖書出版股份有限公司

法律顧問　林勝安律師

出版日期　2017年 4 月初版一刷
　　　　　2021年 6 月二版一刷
　　　　　2024年 3 月二版二刷

定　　　價　新臺幣450元

經典永恆・名著常在

五十週年的獻禮——經典名著文庫

五南，五十年了，半個世紀，人生旅程的一大半，走過來了。

思索著，邁向百年的未來歷程，能為知識界、文化學術界作些什麼？

在速食文化的生態下，有什麼值得讓人雋永品味的？

歷代經典・當今名著，經過時間的洗禮，千錘百鍊，流傳至今，光芒耀人；

不僅使我們能領悟前人的智慧，同時也增深加廣我們思考的深度與視野。

我們決心投入巨資，有計畫的系統梳選，成立「經典名著文庫」，

希望收入古今中外思想性的、充滿睿智與獨見的經典、名著。

這是一項理想性的、永續性的巨大出版工程。

不在意讀者的眾寡，只考慮它的學術價值，力求完整展現先哲思想的軌跡；

為知識界開啟一片智慧之窗，營造一座百花綻放的世界文明公園，

任君遨遊、取菁吸蜜、嘉惠學子！